(a)

(b)

图　1-11

图　1-13

图　3-52

图　3-70

图　3-84

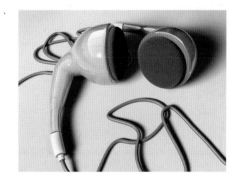

图　4-39

图　4-56

图　5-23

图　5-40

图　5-59

图　6-30

图　6-31

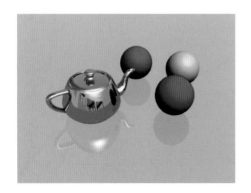

图　6-37

图　6-47

图 6-70

图 6-92

图 6-117

图 6-118

图 7-19

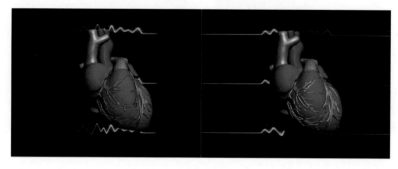

图 8-59

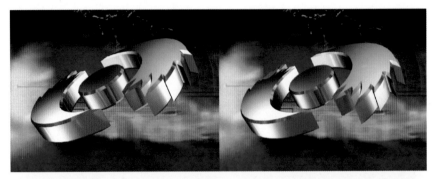

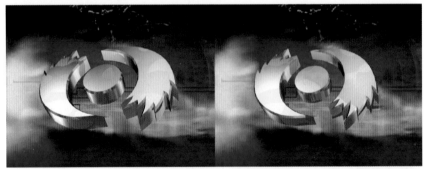

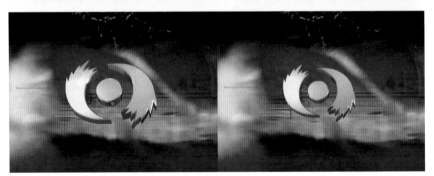

图　8-95

图　9-11

图　9-30

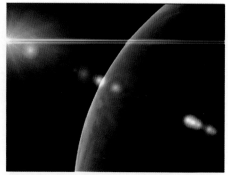

图 9-45

图 9-54

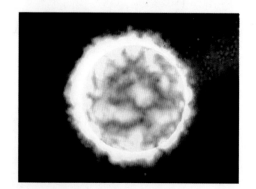

图 9-70

图 9-110

图　10-61

图　10-80

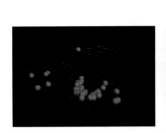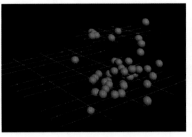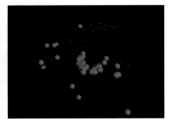

图　10-99

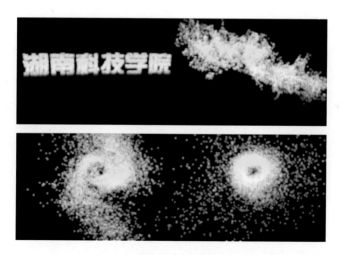

图 10-129

图 11-25

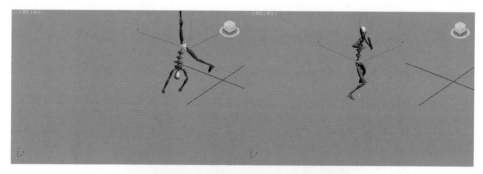

图 11-50

(a)   (b)

(c)

图   11-60

图   11-62

21世纪高等学校规划教材 | 计算机应用

3ds Max
动画案例课堂实录

夏三鳌　编著

清华大学出版社
北 京

内 容 简 介

　　3ds Max 作为当今著名的三维建模和动画制作软件,广泛应用于游戏开发、电影电视特效以及广告设计等领域。3ds Max 软件功能强大、扩展性好,并能与其他相关软件流畅配合使用。

　　全书共 11 章,从 3ds Max 的基本操作入手,结合大量的可操作性 50 个经典案例,全面而又深入地阐述了 3ds Max 的建模、材质、灯光、粒子、特效、角色动画等方面的技术。

　　本书适合作为各类高等院校相关专业的教材,也可以作为职业院校及计算机培训学校相关专业的教材以及三维动画爱好者的自学教材。

图书在版编目(CIP)数据

3ds Max 动画案例课堂实录/夏三鳌编著.--北京:清华大学出版社,2012.7
(21 世纪高等学校规划教材·计算机应用)
ISBN 978-7-302-28554-0

Ⅰ.①3…　Ⅱ.①夏…　Ⅲ.①三维动画软件,3ds Max—高等学校—教材　Ⅳ.①TP391.41

中国版本图书馆 CIP 数据核字(2012)第 067034 号

责任编辑:高买花　赵晓宁
封面设计:傅瑞学
责任校对:焦丽丽
责任印制:张雪娇

出版发行:清华大学出版社
　　　　网　　　址:http://www.tup.com.cn, http://www.wqbook.com
　　　　地　　　址:北京清华大学学研大厦 A 座　　　　邮　　编:100084
　　　　社 总 机:010-62770175　　　　　　　　　　　邮　　购:010-62786544
　　　　投稿与读者服务:010-62776969, c-service@tup.tsinghua.edu.cn
　　　　质 量 反 馈:010-62772015, zhiliang@tup.tsinghua.edu.cn
　　　　课 件 下 载:http://www.tup.com.cn, 010-62795954
印 刷 者:北京富博印刷有限公司
装 订 者:北京市密云县京文制本装订厂
经　　销:全国新华书店
开　　本:185mm×260mm　印　张:19.25　彩　插:4　字　　数:476 千字
版　　次:2012 年 7 月第 1 版　　　　　　　　　　　印　　次:2012 年 7 月第 1 次印刷
印　　数:1～3000
定　　价:35.00 元

产品编号:045246-01

编审委员会成员

浙江大学	吴朝晖	教授
	李善平	教授
扬州大学	李 云	教授
南京大学	骆 斌	教授
	黄 强	副教授
南京航空航天大学	黄志球	教授
	秦小麟	教授
南京理工大学	张功萱	教授
南京邮电学院	朱秀昌	教授
苏州大学	王宜怀	教授
	陈建明	副教授
江苏大学	鲍可进	教授
中国矿业大学	张 艳	教授
武汉大学	何炎祥	教授
华中科技大学	刘乐善	教授
中南财经政法大学	刘腾红	教授
华中师范大学	叶俊民	教授
	郑世珏	教授
	陈 利	教授
江汉大学	颜 彬	教授
国防科技大学	赵克佳	教授
	邹北骥	教授
中南大学	刘卫国	教授
湖南大学	林亚平	教授
西安交通大学	沈钧毅	教授
	齐 勇	教授
长安大学	巨永锋	教授
哈尔滨工业大学	郭茂祖	教授
吉林大学	徐一平	教授
	毕 强	教授
山东大学	孟祥旭	教授
	郝兴伟	教授
厦门大学	冯少荣	教授
厦门大学嘉庚学院	张思民	教授
云南大学	刘惟一	教授
电子科技大学	刘乃琦	教授
	罗 蕾	教授
成都理工大学	蔡 淮	教授
	于 春	副教授
西南交通大学	曾华燊	教授

出 版 说 明

随着我国改革开放的进一步深化,高等教育也得到了快速发展,各地高校紧密结合地方经济建设发展需要,科学运用市场调节机制,加大了使用信息科学等现代科学技术提升、改造传统学科专业的投入力度,通过教育改革合理调整和配置了教育资源,优化了传统学科专业,积极为地方经济建设输送人才,为我国经济社会的快速、健康和可持续发展以及高等教育自身的改革发展做出了巨大贡献。但是,高等教育质量还需要进一步提高以适应经济社会发展的需要,不少高校的专业设置和结构不尽合理,教师队伍整体素质亟待提高,人才培养模式、教学内容和方法需要进一步转变,学生的实践能力和创新精神亟待加强。

教育部一直十分重视高等教育质量工作。2007 年 1 月,教育部下发了《关于实施高等学校本科教学质量与教学改革工程的意见》,计划实施"高等学校本科教学质量与教学改革工程"(简称"质量工程"),通过专业结构调整、课程教材建设、实践教学改革、教学团队建设等多项内容,进一步深化高等学校教学改革,提高人才培养的能力和水平,更好地满足经济社会发展对高素质人才的需要。在贯彻和落实教育部"质量工程"的过程中,各地高校发挥师资力量强、办学经验丰富、教学资源充裕等优势,对其特色专业及特色课程(群)加以规划、整理和总结,更新教学内容、改革课程体系,建设了一大批内容新、体系新、方法新、手段新的特色课程。在此基础上,经教育部相关教学指导委员会专家的指导和建议,清华大学出版社在多个领域精选各高校的特色课程,分别规划出版系列教材,以配合"质量工程"的实施,满足各高校教学质量和教学改革的需要。

为了深入贯彻落实教育部《关于加强高等学校本科教学工作,提高教学质量的若干意见》精神,紧密配合教育部已经启动的"高等学校教学质量与教学改革工程精品课程建设工作",在有关专家、教授的倡议和有关部门的大力支持下,我们组织并成立了"清华大学出版社教材编审委员会"(以下简称"编委会"),旨在配合教育部制定精品课程教材的出版规划,讨论并实施精品课程教材的编写与出版工作。"编委会"成员皆来自全国各类高等学校教学与科研第一线的骨干教师,其中许多教师为各校相关院、系主管教学的院长或系主任。

按照教育部的要求,"编委会"一致认为,精品课程的建设工作从开始就要坚持高标准、严要求,处于一个比较高的起点上。精品课程教材应该能够反映各高校教学改革与课程建设的需要,要有特色风格、有创新性(新体系、新内容、新手段、新思路,教材的内容体系有较高的科学创新、技术创新和理念创新的含量)、先进性(对原有的学科体系有实质性的改革和发展,顺应并符合 21 世纪教学发展的规律,代表并引领课程发展的趋势和方向)、示范性(教材所体现的课程体系具有较广泛的辐射性和示范性)和一定的前瞻性。教材由个人申报或各校推荐(通过所在高校的"编委会"成员推荐),经"编委会"认真评审,最后由清华大学出版社审定出版。

目前，针对计算机类和电子信息类相关专业成立了两个"编委会"，即"清华大学出版社计算机教材编审委员会"和"清华大学出版社电子信息教材编审委员会"。推出的特色精品教材包括：

（1）21世纪高等学校规划教材·计算机应用——高等学校各类专业，特别是非计算机专业的计算机应用类教材。

（2）21世纪高等学校规划教材·计算机科学与技术——高等学校计算机相关专业的教材。

（3）21世纪高等学校规划教材·电子信息——高等学校电子信息相关专业的教材。

（4）21世纪高等学校规划教材·软件工程——高等学校软件工程相关专业的教材。

（5）21世纪高等学校规划教材·信息管理与信息系统。

（6）21世纪高等学校规划教材·财经管理与应用。

（7）21世纪高等学校规划教材·电子商务。

（8）21世纪高等学校规划教材·物联网。

清华大学出版社经过三十多年的努力，在教材尤其是计算机和电子信息类专业教材出版方面树立了权威品牌，为我国的高等教育事业做出了重要贡献。清华版教材形成了技术准确、内容严谨的独特风格，这种风格将延续并反映在特色精品教材的建设中。

清华大学出版社教材编审委员会
联系人：魏江江
E-mail：weijj@tup.tsinghua.edu.cn

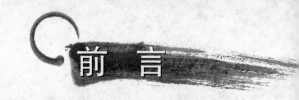

拥有强大功能的 3ds Max 常常现身于电视及娱乐业中,如影视片头动画、游戏角色制作等。3ds Max 在国内拥有大量的用户,它能稳定地运行在 Windows 操作系统中,而且易于操作,被广泛用于三维动画制作、建筑效果图设计与制作、工程设计、影视广告制作、三维游戏设计、多媒体教学等领域。

本书以理论＋案例的形式进行讲解,通过从简单到复杂的案例实现,让读者更好、更快地理解和掌握 3ds Max 软件相关的命令及其使用方法。案例选择实用且接近商业制作,对读者择业取向的确定有一定的帮助。

本书每章分别介绍一个技术板块的内容,讲解过程仔细,实例数量丰富。通过丰富的实战练习,读者可以轻松而有效地掌握软件技术,避免被枯燥的理论密集轰炸。以典型的实例制作为主线讲解、剖析了 50 个经典案例,通过对这些案例的详细讲解,将 3ds Max 的各项功能、使用方法及其综合应用融入其中,从而达到学以致用、立竿见影的学习效果。

本书的主要特点有以下三个。

1. 通过案例掌握概念和功能

人们学习新知识时,理解各种概念是掌握其功能的关键。在 3ds Max 中,有许多概念比较难理解,本书通过让初学者亲身实践从而掌握操作,这种形式是理解概念的最佳方式。

2. 实例丰富,紧贴行业应用

本书作者来自教学第一线,有丰富的教学与设计经验,编写本书过程中精心组织了与行业应用、岗位需求紧密结合的典型案例,且案例丰富,让教师在授课过程中有更多的演示环节,让学生在学习过程中有更多的动手实践机会,以巩固所学知识,迅速将所学内容应用到实际工作中。

3. 内容循序渐进,由浅入深

全书共 11 章,从 3ds Max 的基本操作入手,结合 50 个经典案例,全面而又深入地阐述了 3ds Max 的建模、材质、灯光、粒子、特效、角色动画等方面的技术。本书内容丰富、层次清晰、图文并茂。

由于作者的经验有限,书中难免有疏漏之处,在此恳请专家和同行批评指正。如读者在阅读本书的过程中遇到问题,或有其他建议,请发电子邮件至 xiasanao@163.com。

编　者

2012 年 3 月

目　录

第 1 章

3ds Max 基础知识

本章详细地介绍了 3ds Max 的用户界面,以及在用户界面中经常使用的命令面板、工具栏、视图导航控制按钮和动画控制按钮。命令面板用来创建和编辑对象,而主工具栏用来变换这些对象。视图导航控制按钮允许以多种方式放大、缩小或者旋转视图。动画控制按钮用来控制动画的设置和播放。

3ds Max 12 的用户界面并不是固定不变的,可以采用各种方法定制自己独特的界面。不过,在学习 3ds Max 阶段,建议不要定制自己的用户界面,还是使用标准的界面为好。

3d Max 是目前 PC 上最流行、使用最广泛的三维动画软件,它的前身是运行在 PC 中 DOS 平台上的 3D Studio。3D Studio 曾是昔日 DOS 平台上风光无限的三维动画软件,使 PC 用户也可以方便地制作三维动画了。此前三维动画制作只是高端工作站的专利。20 世纪 90 年代初,3D Studio 在国内也得到了很好的推广,它的版本一直升级到了 4.0 版。此后随着 DOS 系统向 Windows 系统的过渡,3D Studio 也开始发生了质的变化,全新改写了代码。1996 年 4 月,新的 3D Studio MAX1.0 诞生了。3D Studio MAX 与其说是 3D Studio 版本升级换代,倒不如说是一个全新的软件的诞生,它只保留了一些 3D Studio 的影子,并且这个版本加入了全新的历史堆栈功能。

2011 年,欧特克公司(Autodesk)又推出了备受瞩目的新一代产品——3ds Max 12 中文版。新版软件能够有效解决由于不断增长的 3D 工作流程的复杂性对数据管理、角色动画及其速度/性能提升的要求,是目前业界帮助客户实现游戏开发、电影和视频制作以及可视化设计中 3D 创意的最受欢迎的解决方案之一。3ds Max 12 的启动画面如图 1-1 所示。

图 1-1

1.1　3ds Max 12 用户界面

使用过 3ds Max 前几个版本的用户会发现,3ds Max 12 的界面布局与以前的版本有较大不同。该版本采用了更为专业化的界面,如图 1-2 所示。

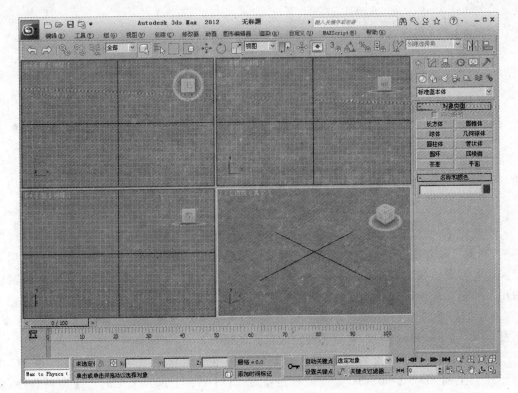

图　1-2

1. 标题栏

标题栏包含了正在使用的 3ds Max 的版本号、文件名称提示信息。

2. 菜单栏

菜单栏包含了标准的 Windows 菜单栏,如文件、编辑、帮助等典型的菜单。主菜单位于窗口最上方,共提供了 13 个菜单项,如图 1-3 所示。

图　1-3

其中,各菜单项含义如下:

(1) 文件:用于对文件的打开、存储、打印、输入和输出不同格式的其他三维存档格式,以及动画的摘要信息、参数变量等命令的应用。

(2) 编辑:包括对象的复制、删除、选定、临时保存等功能。

(3) 工具:包括常用的各种制作工具。

(4) 组:将多个物体组为一个组,或分解一个组为多个物体。

(5) 视图:对视图进行操作,但对对象不起作用。

(6) 创建:用于创建对象的命令。

（7）修改器：用于修改对象的命令。

（8）动画：包含设置对象动画和约束对象的命令。

（9）图形编辑器：包括对图表视图的管理与操作。在这些图表视图中，场景中的所有对象以及这些对象的连接，材质等所有属性及关系都以图表的方式进行显示。在图表中可以直接对场景中的这些对象及其中所显示的内容进行选择，显示及隐藏与操作。

（10）渲染：通过某种算法，体现场景的灯光、材质和贴图等效果。

（11）自定义：方便用户按照自己的爱好设置操作界面。3ds Max的工具条、菜单栏、命令面板都可以放置在任意的位置。如果用户厌烦了以前的工作界面，可以自己定制一个保存起来，下次启动时就会自动加载。

（12）MAXScript（打开脚本之类的意思）：包括有关编程的工具。将编好的程序放入3ds Max中来运行。

（13）帮助：关于这个软件的帮助，包括在线帮助、插件信息等。

3. 主工具栏

主工具栏包含了使用频繁的工具按钮，很多操作都与其中的命令是分不开的，如移动、旋转、缩放等工具，如图1-4所示。

图　1-4

其中，各工具按钮的含义如下：

（1） 　：左边的按钮为撤销上次操作；右边的按钮为恢复上次操作。

（2） 　：左边按钮为选择对象，使之和其他对象链接，建立父子关系，右边按钮为撤销链接。

（3）　：绑定到空间扭曲按钮，单击该按钮，使物体产生空间扭曲效果。

（4） 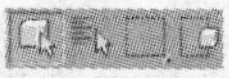　：选择对象组按钮。单击第一个按钮，选择物体；单击第二个按钮，根据物体名称选择物体；单击第三个按钮，使用矩形区域选择物体，按住其右下角的小三角形，用户可在弹出的工具按钮组中选择所需要的类型；单击第四个按钮，选择过滤器。

（5） 　：单击第一个按钮，选择并移动物体；单击第二个按钮，选择并旋转物体；单击第三个按钮，选择并缩放物体，按住其右下角的小三角形，在弹出的工具组中包括"选择并均匀缩放"、"选择并非均匀缩放"和"选择并挤压"三个按钮。

（6）　：使用物体轴心点作为变换中心，按住其右下角的小三角，在弹出的工具按钮组中，包括"使用选择轴心"和"使用转换坐标轴心"按钮。

（7） 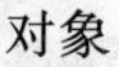　：单击第一个按钮，对当前选择的物体进行镜像操作；单击第二个按钮是对齐当前的对象。

（8）　：单击第一个按钮，打开轨迹视窗；单击第二个按钮，打开关联物体的层次关系。

（9）　：单击第一个按钮，将弹出"材质编辑器"窗口，对物体的材质进行贴图处理；单击第二个按钮，弹出渲染场景窗口，设置动画的输出时间，输出动画大小，图质等设置。单击第三个按钮，是渲染帧窗口；单击第四个按钮，渲染产品窗口。

4. 命令面板

作为 3ds Max 的核心部分，命令面板包括了场景中建模和编辑物体的常用工具及命令。命令面板中共有 6 个子面板，如图 1-5 所示。

（1）"创建"面板：用于创建基本的物体，包含所有对象创建工具。

（2）"修改"面板：是用于修改和编辑被选择的物体。

（3）"层级"面板：用来控制有关物体的层次连接。

（4）"运动"面板：用来控制动画的变换，如位移、缩放、轨迹等运动的状态。

（5）"显示"面板：作用于控制并影响物体在视图中的显示状态，如隐藏物体或恢复被隐藏的物体。当视图包括多个物体时，将一些物体隐藏起来，方便对象操作。

（6）"工具"面板：包含常规实用程序和插入实用程序，也包括动力计算等方面的程序。

图 1-5

5. 视口

视口占据了主窗口的大部分空间，可以在视口中查看和编辑场景。默认状态下，3ds Max 包括以下 4 个工作视图：顶视图、前视图、左视图和透视图，如图 1-6 所示。

6. 视口导航区

主窗口右下角的按钮组包含在视口中进行缩放、平移、导航等控制，如图 1-7 所示。

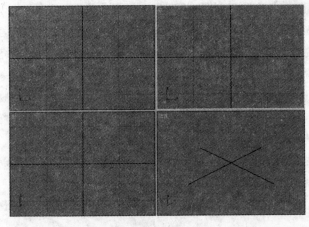

图 1-6

图 1-7

（1）：单击该按钮，在任意一个视图中，上下拖曳鼠标，视图中的场景就会被拉近或推远。这只影响一个视图。

（2）：该按钮的功能与按钮功能相似，但它同时影响四个视图。

（3）![icon]：在正面视窗中出现，如左视图、底视图、前视图、顶视图等，而透视图是不会看到这个图标的，其功能是在所有正面视窗内用鼠标框选物体或物体某一部分在该视窗以最大的方式显示出来。

（4）![icon]：单击该按钮，在视图内鼠标指针呈手形，任意拖曳鼠标，可以移动视图内的场景。

（5）![icon]：该按钮用于进行旋转视图的操作，包括弧形旋转、弧形旋转选择的对象和弧形旋转子对象三种。

（6）![icon]：单击该按钮，当前视图就会全屏显示，再次单击该按钮，就会恢复正常。其快捷键是 Alt＋W 键。

7. 动画关键点控制器

动画关键点控制器集中用于控制动画播放的一些工具按钮，如播放、暂停、下一帧等，如图 1-8 所示。

（1）![icon]：转至开头帧，单击该图标，动画记录就回到 0 的帧。

（2）![icon]：上一帧，可以使动画记录到达前一帧。

（3）![icon]：播放动画，单击它就会开始播放用户设置的动画。

（4）![icon]：下一帧，单击图标，可以使动画记录回到后面一帧。

（5）![icon]：转到结尾帧，单击图标，动画记录就到达最后的帧。

（6）![icon]：时间配置，用来设定动画的模式和总帧数，单击它就会出现"时间配置"对话框，如图 1-9 所示。

图　1-8

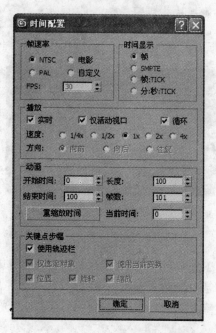

图　1-9

1.2　3ds Max 的发展方向和应用领域

3ds Max 是目前全球拥有用户最多的三维软件,尤其在游戏、建筑、影视领域,而且已经开始向高端电影产业进军。

1. 建筑装潢设计

室内建筑效果图、室外建筑动画及相关多媒体、虚拟现实产品,如图 1-10 所示。

这个行业(前期)与 CAD 制图紧密相关,(后期)与平面、后期合成、多媒体编程、网页编程等技术相接。作为其中的一个环节,目前使用最多的是 3ds Max 软件,它的特点是前期有 Autodesk 公司的 AutoCAD 制图软件,后期有 Discreet 公司的 combustion 合成软件,连贯性比较好,而且 3ds Max 的建筑方面更倾向于数据化,比较精确。自身的扫描线渲染器的速度非常快,适合高效的工作要求。在这个行业中,计算机效果图已经产业化,出现了很多具有相当规模的制作和设计公司。

图　1-10

2. 影视片头包装

影视片头包括电视片头动画、电视台整体包装等,其效果如图 1-11 所示。

(a)

(b)

图　1-11

由于电视台的增多,栏目包装变得越来越重要,相应的工作也变得越来越多。这部分工作其实是以后期合成软件为主的,三维软件只是作为其生产的三维动画元素的一个部分,重点是质感亮丽的立体标志、文字,还有一些光、火、粒子等抽象效果。

3. 影视产品广告

这类产品动画在制作和创意上难度都比片头包装大,不仅要求质感亮丽,还需要复杂的

建模、角色动画等,对三维软件技术的要求比
前两个领域都高。其效果如图1-12所示。

4.电影电视特技

电影特技如今越来越多地开始使用三维
动画和合成特技,像国产大片《功夫》使用了
大量的三维动画镜头。对于电影工业,三维
动画的一个特点是可以营造现实中没有的事
物和景观;另一特点是能降低制作成本,其效
果图如图1-13所示。

图 1-12

5.工业造型

工业产品的设计需要大量的流线曲面,而且要求表面合理,一般采用NURBS曲面进行
建模,不用多边形模拟的方法。有些三维软件提供了NURBS建模系统,如3ds Max、
Maya,但因为不是主要的方向,所以都不是很完善。其效果图如图1-14所示。

图 1-13

图 1-14

6.游戏开发

3ds Max在全球应用最广泛的领域是游戏产业,图1-15所示为使用3ds Max开发的游
戏场景。

(a)

(b)

图 1-15

7. 三维卡通动画

继《玩具总动员》后,世界上掀起了三维动画片的热潮,几乎部部都成功,如《海底总动员》、《怪物史莱克》等,如图 1-16 所示。

(a)   (b)

图   1-16

习题 1

(1) 视图的导航控制按钮有哪些? 如何合理使用各个按钮?

(2) 动画控制按钮有哪些? 如何设置动画时间长短?

(3) 用户是否可以定制用户界面?

(4) 主工具栏中各个按钮的主要作用是什么?

(5) 如何定制快捷键?

(6) 如何在不同视口之间切换? 如何使视口最大最小化? 如何推拉一个视口?

第 2 章　对象变换

在 3ds Max 中，对象的变换是创建场景至关重要的部分。除了直接的变换工具之外，还有许多工具可以完成类似的功能。要更好地完成变换必须要对变换坐标系和变换中心有深入的理解。

当变换对象时，如果能够合理地使用镜像、阵列和对齐等工具，可以节约很多的建模时间。

3ds Max 提供了许多工具，并不是在每个场景的工作中都要使用所有的工具，但在每个场景的工作中都要移动、旋转和缩放对象。完成这些功能的基本工具称为变换。当变换时，还需要理解变换中使用的变换坐标系、变换轴和变换中心，还要经常使用捕捉功能。另外，在进行变换时还经常需要复制对象。因此，本章还要讨论与变换相关的一些功能，如复制、阵列复制、镜像和对齐等。

2.1　变换

可以使用变换移动、旋转和缩放对象。要进行变换，可以从主工具栏上访问变换工具，也可以使用快捷菜单访问变换工具。主工具栏上的变换工具如下：

(1) 选择并移动。

(2) 选择并旋转。

(3) 选择并等比例缩放。

(4) 选择并不等比例缩放。

(5) 选择并挤压变形。

2.1.1　变换轴

选择对象后，每个对象上都显示一个有三个轴的坐标系，如图 2-1 所示。坐标系的原点就是轴心点。每个坐标系上有三个箭头，分别标记 X、Y 和 Z，代表三个坐标轴。被创建的对象将自动显示坐标系。

当选择变换工具后，坐标系将变成变换 Gizmo，图 2-2～图 2-4 所示分别是移动、旋转和缩放的 Gizmo。

图　2-1

图　2-2

图　2-3

图　2-4

2.1.2　变换的键盘输入

有时需要通过键盘输入而不是鼠标操作来调整数值。3ds Max 支持许多键盘输入功能，包括输入给出对象在场景中的准确位置，输入给出具体的参数数值等。可以使用"移动变换输入"对话框（如图 2-5 所示）进行变换数值的输入。可以通过在主工具栏的变换工具上右击访问"移动变换输入"对话框，也可以直接使用状态栏中的键盘输入区域。

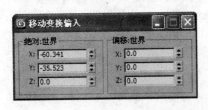

图　2-5

提示：要显示"移动变换输入"对话框，必须首先单击变换工具，激活它，然后在激活的变换工具上右击。

"移动变换输入"对话框由两个数字栏组成。一栏是"绝对：世界"；另外一栏是"偏移：世界"。如果选择的视图不同，可能有不同的显示。下面的数字是被变换对象在世界坐标系中的准确位置，输入新的数值后，将使对象移动到该数值指定的位置。例如，如果在"移动变换输入"对话框的"绝对：世界"下面分别给 X、Y 和 Z 输入数值 0、0、40，那么对象将移动到世界坐标系中的 0、0、40 处。

在"偏移：世界"栏中输入数值将相对于对象的当前位置进行变换。例如，在偏移一栏中分别给 X、Y 和 Z 输入数值 0、0、40，那么将把对象沿着 Z 轴移动 40 个单位。

"移动变换输入"对话框是非模式对话框，这就意味着当执行其他操作的时候，对话框仍然可以被保留在屏幕上。

可以在状态栏中通过键盘输入数值，如图 2-6 所示。它的功能类似于"移动变换输入"

对话框,只是需要通过一个按钮切换绝对和偏移。

(a) 绝对变换状态　　　　　　　　　(b) 偏移变换状态

图　2-6

2.2　克隆对象

为场景创建几何体被称为建模。克隆对象是一个重要且非常有用的建模技术。克隆的对象可以用作精确的复制品,也可以作为进一步建模的基础。例如,如果场景中需要很多灯泡,就可以创建其中的一个,然后复制出其他的。如果场景需要很多灯泡,但是这些灯泡还有一些细微的差别,那么可以先复制原始对象,然后再对复制品做些修改。

克隆对象有两个方法。一是按住 Shift 键执行变换操作(移动、旋转和比例缩放);二是从菜单栏中选择"编辑"→"克隆"命令。

无论使用哪种方法进行变换,都会出现"克隆选项"对话框,如图 2-7 所示。

在"克隆选项"对话框中,可以指定克隆对象的数目和克隆的类型等。克隆有复制、实例、参考三种选项。

(1)"复制"选项克隆一个与原始对象完全无关的复制品。

(2)"实例"选项也克隆一个对象,该对象与原始对象还有某种关系。例如,使用"实例"选项克隆一个球,如果改变其中一个球的半径,另外一个球也跟着改变。使用"实例"选项复制的对象之间是通过参数和编辑修改器相关联的,各自的变换无

图　2-7

关,是相互独立的。这就意味着,如果给其中一个对象应用了编辑修改器,使用"实例"选项克隆的另外一些对象也将自动应用相同的编辑修改器。但是如果变换一个对象,使用"实例"选项克隆的其他对象并不一起变换。此外,使用"实例"选项克隆的对象可以有不同的材质和动画。使用"实例"选项克隆的对象比使用"复制"选项克隆的对象需要更少的内存和磁盘空间,使文件装载和渲染的速度要快一些。

(3)"参考"选项是特别的"实例"。在某种情况下,它与克隆对象的关系是单向的。例如,如果场景中有两个对象,一个是原始对象;另外一个是使用"参考"选项克隆的对象。如果给原始对象增加一个编辑修改器,克隆的对象也被增加了同样的编辑修改器。但是,如果给使用"参考"选项克隆的对象增加一个编辑修改器,那么它将不影响原始的对象。实际上,使用"参考"选项复制的对象常用于面片类型的建模过程。

2.3　变换坐标系

在每个视口的左下角有一个由红、绿和蓝三个轴组成的坐标系图标。这个可视化的图标代表的是 3ds Max 的世界坐标系(World Reference Coordinate System)。三维视口(摄像

机视口、用户视口、透视视口和灯光视口)中的所有对象都使用世界坐标系。

下面介绍如何改变坐标系,并讨论各个坐标系的特征。

2.3.1　改变坐标系

通过在主工具栏中单击参考坐标系按钮,然后在下拉式列表中选取一个坐标系(如图 2-8 所示)可以改变变换中使用的坐标系。

当选择了一个对象后,选择坐标系的轴将出现在对象的轴心点或中心位置。在默认状态下,使用坐标系是视图(View)坐标系。为了理解各个坐标系的作用原理,必须首先了解世界坐标系。

2.3.2　世界坐标系

世界坐标系的图标总是显示在每个视口的左下角。如果在变换时想使用这个坐标系,那么可以从"参考坐标系"列表中选取它。

当选取了世界坐标系后,每个选择对象的轴显示的是世界坐标系的轴,如图 2-9 所示。可以使用这些轴移动、旋转和缩放对象。

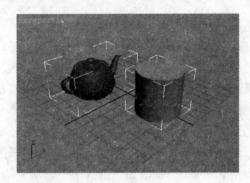

图　2-8　　　　　　　　　　　　　　　图　2-9

2.3.3　屏幕坐标系

当参考坐标系被设置为屏幕坐标系"屏幕"的时候,每次激活不同的视口,对象的坐标系就发生改变。不论激活哪个视口,X 轴总是水平指向视口的右边,Y 轴总是垂直指向视口的上面。这意味着在激活的视口中,变换的 XY 平面总是面向用户。

在诸如前视口、顶视口和左视口等正交视口中,使用屏幕坐标系是非常方便的。但是,在透视视口或其他三维视口中,使用屏幕坐标系就会出现问题。由于 XY 平面总是与视口平行,会使变换的结果不可预测。

视图坐标系可以解决在屏幕坐标系中所遇到的问题。

2.3.4　视图坐标系

视图坐标系是世界坐标系和屏幕坐标系的混合体。在正交视口中,视图坐标系与屏幕坐标系一样,而在透视视口或其他三维视口中,视图坐标系与世界坐标系一致。

视图坐标系结合了屏幕坐标系和世界坐标系的优点。

2.3.5 局部坐标系

创建对象后,会指定一个局部坐标系。局部坐标系的方向与对象创建的视口相关。例如,当创建圆柱后,它的局部坐标系的 Z 轴总是垂直于视口,它的局部坐标系的 XY 平面总是平行于计算机屏幕。即使切换视口或旋转圆柱,它的局部坐标系的 Z 轴总是指向高度方向。

图 2-10

当从参考坐标系列表中选取"局部"坐标系后,就可以看到局部坐标系,如图 2-10 所示。

提示:通过轴心点可以移动或旋转对象的局部坐标系。对象的局部坐标系的原点就是对象的轴心点。

2.3.6 其他坐标系

除了世界坐标系、屏幕坐标系、视图坐标系和局部坐标系外,还有 4 个坐标系。

(1) 父对象坐标系:该坐标系只对有链接关系的对象起作用。如果使用这个坐标系,当变换子对象时,它使用父对象的变换坐标系。

(2) 栅格坐标系:该坐标系使用当前激活栅格系统的原点作为变换的中心。

(3) 平衡环坐标系:该坐标系与局部坐标系类似,但其三个旋转轴并不一定要相互正交,通常与 Euler xy2 旋转控制器一起使用。

(4) 拾取坐标系:该坐标系使用特别的对象作为变换的中心。该坐标系非常重要,将在 2.4.1 节详细讨论。

2.3.7 变换中心

在主工具栏上参考坐标系右边的按钮是变换中心弹出按钮,如图 2-11 所示。每次执行旋转或比例缩放操作时,都是对轴心点进行变换的,因为默认的变换中心是轴心点。

图 2-11

3ds Max 的变换中心有三个,分别如下。

(1) ▦ 使用轴心点中心:使用选择对象的轴心点作为变换中心。

(2) ▦ 使用选择集中心:当多个对象被选择时,使用选择的对象的中心作为变换中心。

(3) ▦ 使用变换坐标系的中心:使用当前激活坐标系的原点作为变换中心。

当旋转多个对象时,这些选项非常有用。使用轴心点中心将关于自己的轴心点旋转每个对象,而使用选择集中心将关于选择对象的共同中心点旋转对象。

使用变换坐标系的中心对于拾取坐标系非常有用,下面介绍拾取坐标系的方法。

2.3.8　拾取坐标系

假如希望绕空间中某个特定点旋转一系列对象,最好使用捡取坐标系。即使选择了其他对象,变换的中心仍然是特定对象的轴心点。

如果要绕某个对象周围按圆形排列一组对象,那么使用捡取坐标系非常方便。例如,可以使用捡取坐标系安排桌子和椅子等。

2.4　经典案例

2.4.1　运动小球

通过本案例学习掌握拾取坐标的用法及功能。

Step 1　单击"创建"面板中的"几何体"按钮,在其下方的下拉列表框中选择"标准基本体"选项,在"对象类型"卷展栏中单击　长方体　按钮,在顶视图中创建一个长方形木板,如图 2-12 所示。其参数设置如图 2-13 所示。

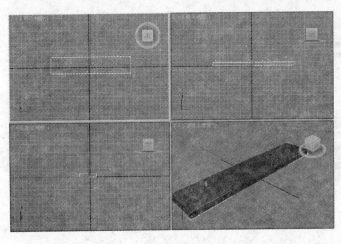
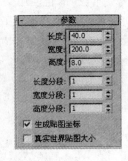

图　2-12　　　　　　　　　　　　　　　图　2-13

Step 2　在主工具栏中选择旋转工具 ,在前视口中旋转木板,使其有一定倾斜,如图 2-14 所示。

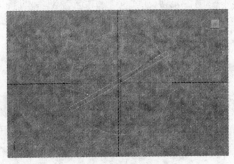

图　2-14

Step 3　单击"创建"面板中的"几何体"按钮,在其下方的下拉列表框中选择"标准基本体"选项,在"对象类型"卷展栏中单击 ▢ 球体 ▢ 按钮,创建一个半径为 10 的球,并使用移动工具 ✛ 将小球的位置移到木板的上方,如图 2-15 所示。在调节时,可以在 4 个视口中从各个角度进行移动,以方便观察。

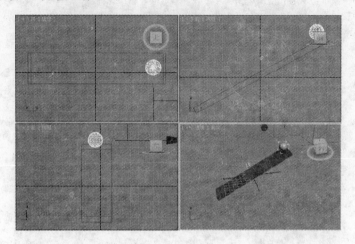

图　2-15

Step 4　选中小球,在参考坐标系列表中选取"拾取"。在透视视口中单击木板,则对象名 Box001 出现在参考坐标系区域。同时,在视口中,小球的变换坐标发生变化。前视口中的状态如图 2-16 所示。

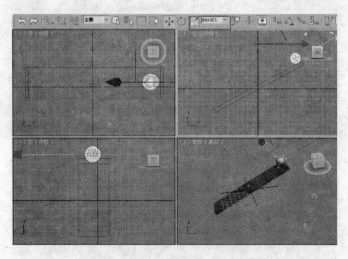

图　2-16

Step 5　在时间区域单击 自动关键点 按钮,将时间滑动块移动到第 100 帧。将小球移动至木板的底端,如图 2-17 所示。

Step 6　使用旋转工具 ↻ 将小球转动几圈,如图 2-18 所示。

Step 7　关闭动画按钮。单击 ▶ 按钮播放动画,可以看到小球沿着木板下滑的同时滚动。

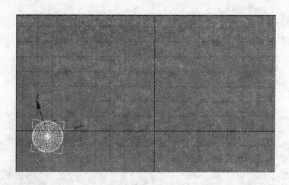

图　2-17

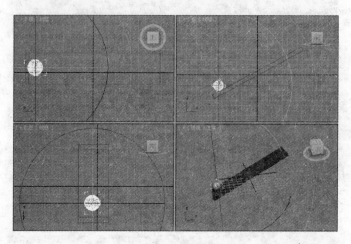

图　2-18

2.4.2　吊灯

本案例通过移动、缩放，然后改变轴中心位置制作一个吊灯。

Step 1　选择"文件"→"打开"命令，打开"台灯.max"素材文件，如图 2-19 所示。

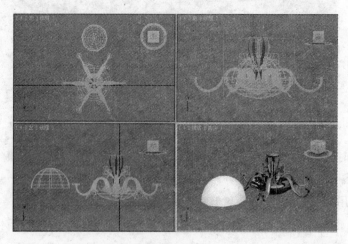

图　2-19

Step 2 单击主工具栏中的 █ 按钮，在弹出的"从场景选择"对话框中选择"灯"对象，然后单击"确定"按钮将其选择，如图 2-20 所示。

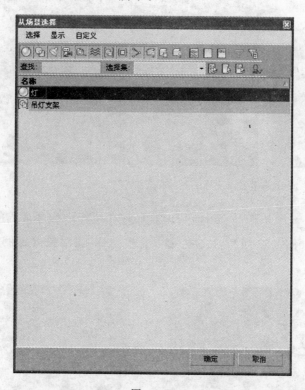

图 2-20

Step 3 单击主工具栏中的 █ 按钮，将灯移动至如图 2-21 所示位置。

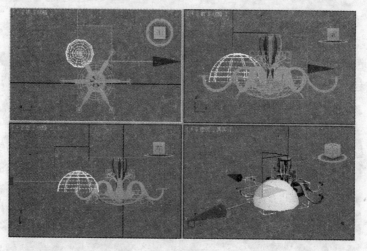

图 2-21

Step 4 激活前视图，单击主工具栏中的 █ 按钮，在弹出的"镜像：屏幕、坐标"对话框中设置如图 2-22 所示，将灯垂直镜像。

图   2-22

Step 5   单击主工具栏中的 ▣ 按钮,将鼠标指针放在物体缩放 Gizmo 中心,此时鼠标指针变为 △ 形状,如图 2-23 所示,按住左键并拖曳鼠标,将对象等比例缩小到适当的大小,效果如图 2-24 所示。

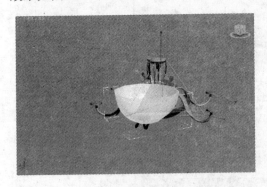

图   2-23

图   2-24

Step 6   选择灯,单击创建面板中的 ❀ 按钮,进入"子物层级",单击 █轴█ 按钮,再单击 █仅影响轴█ 按钮。在顶视图使用移动工具将轴移到吊灯中心位置,如图 2-25 所示。

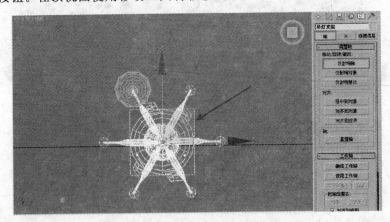

图   2-25

Step 7　再次单击 仅影响轴 按钮,退出子物层级。单击工具栏中的 ⟳ 按钮,切换到顶视图中,按住 Shift 键将其绕 Z 轴旋转复制,在弹出的"克隆选项"对话框中设置,如图 2-26 所示。单击"确定"按钮,效果如图 2-27 所示。

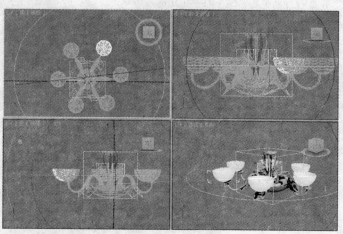

图　2-26

图　2-27

习题 2

1. 简答题

(1) 如果要旋转一个对象,一般要考虑旋转的中心、旋转的坐标系和旋转轴三个因素,请问在 3ds Max 12 中有几种类型的旋转中心? 在默认的情况下,要制作旋转动画时,只能关于哪个中心点旋转?

(2) 将两个对象组成一个组,然后查看组的轴心点在什么地方。

2. 上机操作

(1) 运用变换坐标系知识,建立如图 2-28 所示的模型。

图 2-28

（2）运用"拾取"坐标知识制作圆球物体下滑效果，如图 2-29 所示。

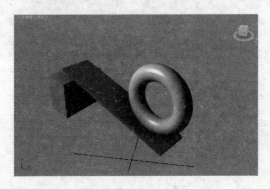

图 2-29

第3章

二维图形建模

二维图形由一个或多个样条线组成。样条线的最基本元素是节点。在样条线上相邻两个节点中间的部分是线段。可以通过改变节点的类型控制曲线的光滑度。

通过应用诸如"挤出"、"倒角"、"倒角剖面"、"放样"等的编辑修改器可以将二维图形转换成三维几何体。

3.1 二维图形的基础

二维图形的次对象包括"样条线"、"线段"和"顶点"。要访问线的次对象，需要选择"修改"面板。要访问参数化的二维图形的次对象，需要应用"编辑"修改器，或将它转换成"编辑样条线"。

3.1.1 二维图形的术语

二维图形是由一条或多条样条线组成的对象。样条线是由一系列点定义的曲线。样条线上的点通常被称为顶点。每个节点包含定义它的位置坐标信息以及曲线通过节点方式信息。样条线中连接两个相邻节点的部分称为线段，如图 3-1 所示。

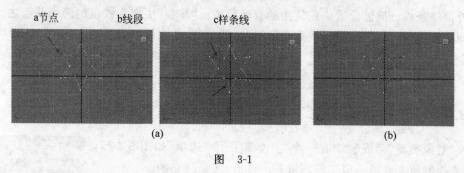

图　3-1

3.1.2 二维图形的用法

二维图形通常作为三维建模的基础。针对二维图形应用诸如"挤出"、"倒角"、"倒角剖面"、"放样"等编辑修改器就可以将它转换成三维图形。二维图形的另外一个用法是作为"放样路径"控制器的路径。可以将二维图形直接设置成可以渲染的，来创建诸如霓虹灯一类的效果。

3.1.3　二维图形的共有属性

二维图形有一个共有的"渲染"和"插值"属性。这两个卷展栏如图3-2所示。

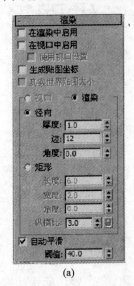

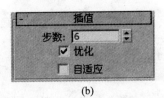

(a)　　　　　　　　　　(b)

图　3-2

在默认情况下,二维图形不能被渲染。但是,有一个选项可以将它设置为可以渲染的。如果激活了这个选项,那么在渲染时将使用一个指定厚度的圆柱网格取代线段,这样就可以生成诸如霓虹灯等的模型。指定网格的边数可以控制网格的密度。可以指定是在视口中渲染二维图形,还是在渲染时渲染二维图形。对于视口渲染和扫描线渲染来讲,网格大小和密度设置可以是独立的。

在3ds Max内部,样条线有确定的数学定义。但是,在显示和渲染时就使用一系列线段来近似样条线。插值设置决定使用的直线段数。"步数"决定在线段的两个节点之间插入的中间点数。中间点之间用直线来表示。"步数"参数的取值范围是0～100。0表示在线段的两个节点之间没有插入中间点。该数值越大,插入的中间点就越多。一般情况下,在满足基本要求的情况下,尽可能将该参数设置的最小。

3.1.4　"开始新图形"选项

在"对象类型"卷展栏中有一个"开始新图形"选项,如图3-3所示,用来控制所创建的一组二维图形是一体的,还是独立的。

前面已经提到,二维图形可以包含一个或多个样条线。当创建二维图形的时候,如果选取了"开始新图形"复选框,创建的图形就是独立的新图形;如果关闭了"开始新图形"选项,那么创建的图形就是一个二维图形。

图　3-3

3.2 编辑样条线修改器

二维图形的修改加工主要通过可编辑样条线修改器完成。创建二维图形后,通过编辑二维图形的子对象修整图形的形状,二维图形的子对象层级包括"顶点"、"线段"、"样条线"。

3.2.1 编辑样条线修改器卷展栏

编辑样条线修改器有三个卷展栏,即"选择"卷展栏、"软选择"卷展栏和"几何体"卷展栏,如图 3-4 所示。

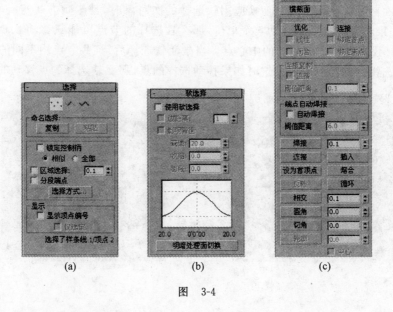

    (a)   (b)   (c)

图 3-4

3.2.2 "选择"卷展栏

可以在这个卷展栏中设定编辑层次。一旦设定了编辑层次,就可以用 3ds Max 的标准选择工具在场景中选择该层次的对象。

"选择"卷展栏中的"区域选择"选项,用来增强选择功能。选择这个复选框后,离选择节点的距离小于该区域指定的数值的节点都将被选择。这样,就可以通过单击的方法一次选择多个节点。可以在这里命名次对象的选择集,系统根据节点、线段和样条线的创建次序对它们进行编号。

3.2.3 "几何体"卷展栏

"几何体"卷展栏包含许多次对象工具,这些工具与选择的次对象层次密切相关。

"样条线"次对象层次的常用工具如下:

- 附加:给当前编辑的图形增加一个或多个图形。这些被增加的二维图形也可以由多条样条线组成。
- 分离:从二维图形中分离线段或样条线。
- 布尔运算:对样条线进行交、并和差运算。并(Union)是将两个样条线结合在一起形成一条样条线,该样条线包容两个原始样条线的公共部分。差(Subtraction)是将从一个样条线中删除与另外一个样条线相交的部分。交(Intersection)是根据两条样条线的相交区域创建一条样条线。
- 外围线:给选择的样条线创建一条外围线,相当于增加一个厚度。

3.2.4 "软选择"卷展栏

"软选择"卷展栏的工具主要用于次对象层次的变换。"软选择"定义一个影响区域,在这个区域的次对象都被软选择。变换应用软选择的次对象时,其影响方式与一般的选择不同。例如,如果将选择的节点移动 5 个单位,那么软选择的节点可能只移动 2.5 个单位,如图 3-5 所示。我们选择了螺旋线的中心点。当激活软选择后,某些节点用不同的颜色显示,表明它们离选择点的距离不同。这时如果移动选择的点,那么软选择的点移动的距离较近,如图 3-6 所示。

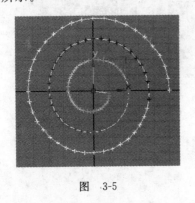 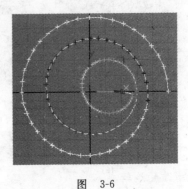

图 3-5   图 3-6

3.3 使用编辑修改器将二维对象转换成三维对象

很多编辑修改器可以将二维对象转换成三维对象。本节介绍挤出、车削、倒角编辑修改器。

3.3.1 挤出

"挤出"沿着二维对象的局部坐标系的 Z 轴增加一个厚度,还可以沿着拉伸方向给它指定段数。如果二维图形是封闭的,可以指定拉伸的对象是否有顶面和底面。

"挤出"输出的对象类型可以是"面片"、"网格"和 NURBS,默认的类型是"网格"。

下面举例说明如何使用"挤出"编辑修改器拉伸对象。

Step 1 选择"文件"→"打开"菜单命令，打开"标志.max"素材文件，如图 3-7 所示。

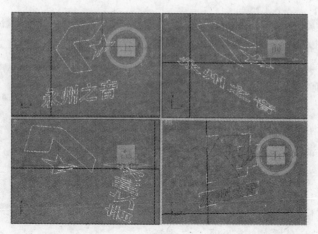

图 3-7

Step 2 选取标志二维图形，打开"修改"面板，在"修改器列表"下拉列表框中选择"挤出"选项，在"参数"卷展栏中设置"数量"为 20，如图 3-8 所示。挤出效果如图 3-9 所示。

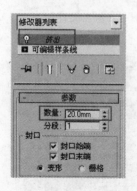

图 3-8

图 3-9

Step 3 为模型赋予相应材质，然后按 F9 键，渲染效果如图 3-10 所示。

提示：材质的编辑在 5.4.3 节中介绍。挤出生成的 3D 实体，边缘较锐利，一般不适合作圆角标志，如图 3-11 所示。

图 3-10

图 3-11

3.3.2 车削

"车削"编辑修改器沿指定的轴向旋转二维图形,用来建立诸如高脚杯、盘子和花瓶等模型。旋转的角度可以是0°～360°的任何数值。

下面举例说明如何使用"车削"编辑修改器。

Step 1 激活前视图,单击"创建"面板中的图形 按钮,在"对象类型"卷展栏中单击 线 按钮,在前视图中从上至下依次画出花瓶剖面的右半部分,如图3-12所示。

提示:绘制时要注意端点和终点尽量处在同一条垂直线上。

Step 2 打开"修改"面板,在"修改器列表"下拉列表框中选择"编辑样条线"选项,在"选择"卷展栏中单击 按钮,如图3-13所示,进入顶点子对象层级。

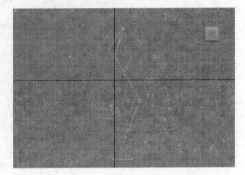

图   3-12

Step 3 在"几何体"卷展栏中单击 圆角 按钮,如图3-14所示。直接在前视图中单击需要圆角的点并移动鼠标,将二维图形调整为如图3-15所示的模样。

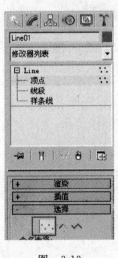

图   3-13

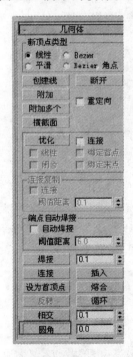

图   3-14

提示:在绘制曲线时,在满足基本轮廓形状下应该尽量减小节点数,这样可以大大减少最终生成的三维网格物体的面片数,加速CPU的运算速度,特别在制作大型的场时,速度可以提高几十倍。

Step 4 单击"创建"面板中的 ✐ "修改"按钮,进入修改面板,在"修改器列表"下拉列表框中选择"车削"选项,效果如图 3-16 所示。

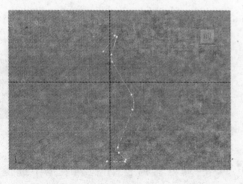

图 3-15

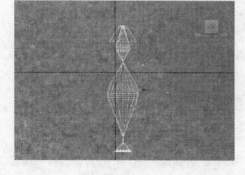

图 3-16

Step 5 在"修改"面板中的"对齐"区域单击 最小 按钮,如图 3-17 所示。效果如图 3-18 所示。

Step 6 选中"翻转法线"复选框,如图 3-19 所示。此时模型效果如图 3-20 所示。

图 3-17

图 3-18

图 3-19

3.3.3 倒角

"倒角"编辑修改器与"挤出"类似,但是比"挤出"的功能要强一些。它除了沿着对象的局部坐标系的 Z 轴拉伸对象外,还可以分三个层次调整截面的大小,创建如倒角字一类的效果,如图 3-21 所示。

下面举例说明如何使用"倒角"编辑修改器。

Step 1 选择"文件"→"打开"命令,打开素材文件,如图 3-22 所示。

图　3-20

图　3-21

Step 2　选取标志二维图形,打开"修改"面板,在"修改器列表"下拉列表框中选择"倒角"选项,设置其参数如图 3-23 所示。倒角效果如图 3-24 所示。

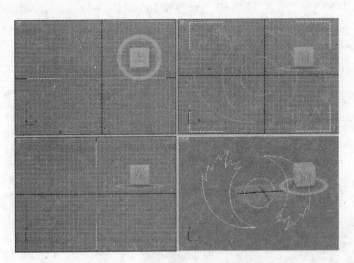

图　3-22

图　3-23

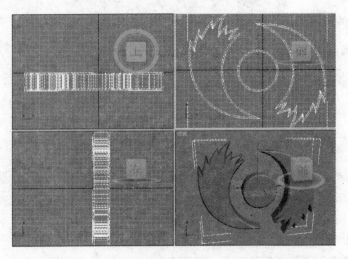

图　3-24

Step 3 为模型赋予相应材质,然后渲染效果如图 3-25 所示。

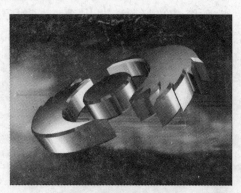

图 3-25

提示:如果想让倒角图形出现如图 3-26 所示的透空效果,只要在修改命令面板上将"封口"中的"始端"、"末端"复选框即可,如图 3-27 所示。

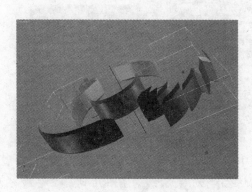

图 3-26

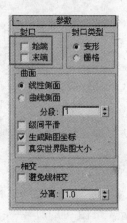

图 3-27

3.4 经典案例

3.4.1 玻璃杯与冰块制作

本案例通过制作玻璃杯与冰块,介绍如何使用"线"工具创建玻璃杯剖面造型,然后用"车削"修改器完成其造型。同时通过"噪波"命令将"切角长方体"制作成冰块自然形状。

Step 1 激活左视图,单击"创建"面板中的"图形"按钮 ,在"对象类型"卷展栏中单击 线 按钮,在左视图中从上至下依次绘制出酒杯的剖面,如图 3-28 所示。

图 3-28

Step 2　打开"修改"面板,在"修改器列表"下拉列表框中选择"编辑样条线"选项,在"选择"卷展栏中单击 ┈ 按钮(如图 3-29 所示),进入"顶点"子对象层级。

Step 3　在"几何体"卷展栏中单击 圆角 按钮(如图 3-30 所示),直接在左视图中单击需要进行圆角的点并移动鼠标,将二维图形调整为如图 3-31 所示的模样。

图 3-29　　　　图 3-30　　　　图 3-31

Step 4　在"修改器列表"下拉列表框中选择"编辑样条线"选项,在"选择"卷展栏中单击 ∿ 按钮(如图 4-2 所示),进入"样条线"子对象层级。在"几何体"卷展栏中单击 轮廓 按钮,在左视图选择绘制样条线并移动鼠标,绘制的轮廓线效果如图 3-32 所示。

Step 5　在"修改器列表"下拉列表框中选择"编辑样条线"选项,在"选择"卷展栏中单击 ╱ 按钮,进入"线段"子对象层级,然后删除下面不需要线段,效果如图 3-33 所示。

图 3-32　　　　　　　　　　图 3-33

Step 6　在"修改器列表"下拉列表框中选择"编辑样条线"选项,在"选择"卷展栏中单击 ┈ 按钮,进入"顶点"子对象层级,调整后的顶点效果如图 3-34 所示。

Step 7　再次单击 ⋯ 按钮,退出"顶点"子对象层级。打开"修改"面板,在"修改器列表"下拉列表框中选择"车削"选项,此时模型的效果如图 3-35 所示。

Step 8　发现视图中的造型不是想要的。在"修改"面板的"对齐"选项区单击 最小 按钮,如图 3-36 所示。此时的模型效果如图 3-37 所示。

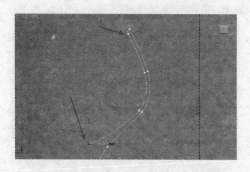

图　3-34

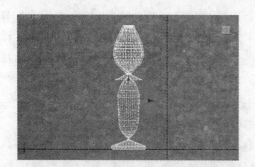

图　3-35

图　3-36

图　3-37

Step 9   绘制杯中酒。激活左视图，将前面制的酒杯的样条线复制，然后在"修改器列表"下拉列表框中选择"编辑样条线"选项。在"选择"卷展栏中单击 ✏ 按钮，进入"线段"子对象层级，然后删除下面不需要线段，只留下上部分，制作杯中酒，效果如图 3-38 所示。

Step 10   单击"创建"面板中的"图形"按钮 ⊙，在"对象类型"卷展栏中单击 ▢线▢ 按钮。在左视图中沿上步删除后的线段上部绘制水平直线，如图 3-39 所示。

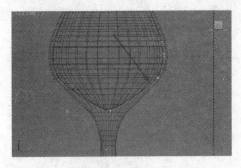
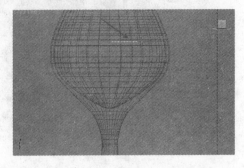

图 3-38   图 3-39

Step 11   选择绘制的直线，进入修改命令面板，在"修改器列表"下拉列表框中选择"编辑样条线"选项，单击 ∿ 按钮，进入"样条线"子对象层级。在"几何体"卷展栏中单击 ▢附加▢ 按钮（如图 3-40 所示），并选择前面创建的一条曲线，使之连接为一个整体，如图 3-41 所示。

Step 12   再次单击 ∿ 按钮，退出"样条线"子对象层级。打开"修改"面板，在"修改器列表"下拉列表框中选择"车削"选项。此时模型的效果如图 3-42 所示。

图 3-40

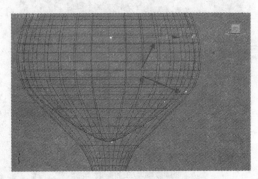

图 3-41

图 3-42

Step 13 绘制杯中物。单击"创建"面板中的"几何体"按钮 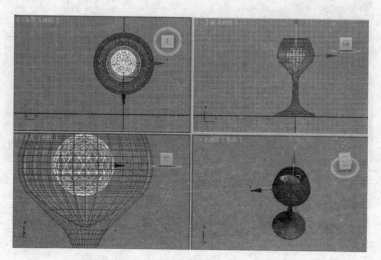，在"对象类型"卷展栏中单击 几何球体 按钮。在顶视图中创建一个几何球体并调整其位置如图 3-43 所示，其参数设置如图 3-44 所示。

图 3-43

Step 14 单击"创建"面板中的"几何体"按钮 ，在其下方的下拉列表框中选择"扩展基本体"选项，显示出扩展基本体命令面板，如图 3-45 所示。单击"纺锤"按钮，在顶视图中创建一个纺锤体并调整其位置，其参数设置如图 3-46 所示。

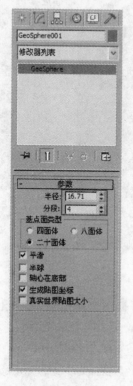

图 3-44

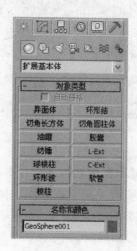

图 3-45

图   3-46

Step 15   制作冰块。单击"创建"面板中的"几何体"按钮 ，在其下方的下拉列表框中选择"扩展基本体"选项，显示扩展基本体命令面板。单击"切角长方体"按钮，在透视图中创建一个切角长方体，如图 3-47 所示。设置其参数如图 3-48 所示。

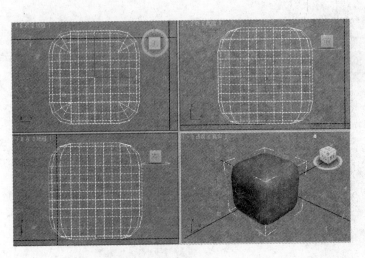

图   3-47

图   3-48

Step 16   选取创建的切角长方体，打开"修改"面板，在"修改器列表"下拉列表框中选择"噪波"选项，设置相应参数，如图 3-49 所示。噪波效果如图 3-50 所示。

Step 17   将制好的冰块复制，并移动及旋转，效果如图 3-51 所示。

Step 18   为创建好的模型赋予材质、添加灯光，然后进行渲染，最终效果如图 3-52 所示。

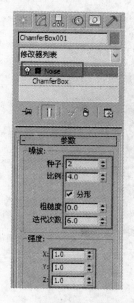

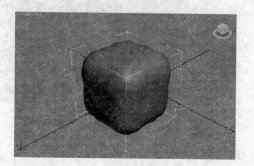

图　3-49　　　　　　　　　　　　　　　　图　3-50

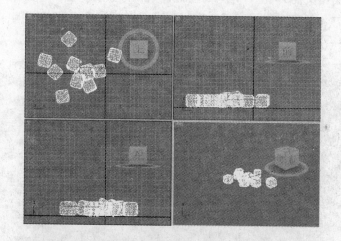

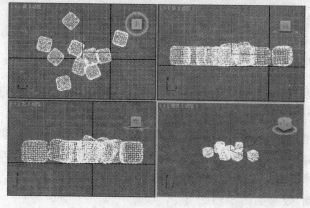

图　3-51

图　3-52

3.4.2　文件夹制作

本案例通过制作文件夹模型,介绍如何通过编辑样条线及挤出等命令完成其造型。

Step 1　单击"创建"面板中的"图形"按钮 ，在"对象类型"卷展栏中单击 矩形 按钮,在顶视图中绘制矩形并设置其参数,如图 3-53 所示。

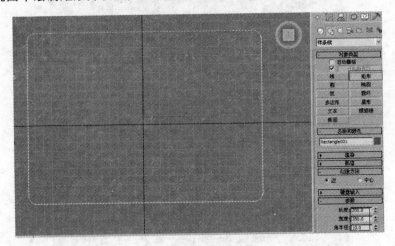

图　3-53

Step 2　在"渲染"卷展栏中,分别选择"在渲染中启动"、"在视口中启动"选项,然后设置"径向"的"厚度"值为 2,如图 3-54 所示。

Step 3　打开"修改"面板,在"修改器列表"下拉列表框中选择"编辑样条线"选项。在"选择"卷展栏中单击 按钮,进入顶点子对象层级,如图 3-55 所示。单击工具栏中的 按钮。在顶视图选择上面一排顶点。在顶视图将选择的顶点向上移动,然后在前视图中将选择的顶点向下移动,效果如图 3-56 所示。

Step 4　单击"创建"面板中的"图形"按钮 ，在"对象类型"卷展栏中单击 线 按钮,在左视图中绘制曲线。效果如图 3-57 所示。

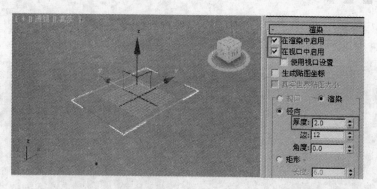

图 3-54

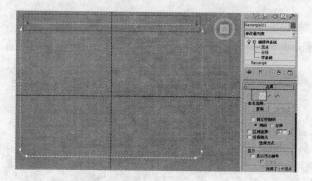

图 3-55

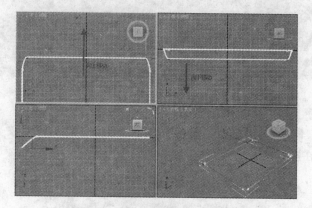

图 3-56

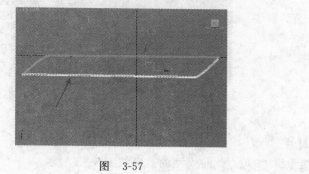

图 3-57

Step 5   在顶视图中,单击工具栏中的 ⊹ 按钮,将绘制的曲线移到左边位置,如图 3-58 所示。按住 Shift 键的同时移动复制多根曲线,效果如图 3-59 所示。

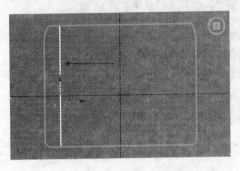 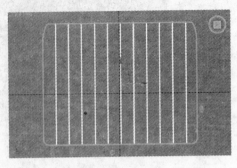

图   3-58   图   3-59

Step 6   用同样方法,在前视图绘制曲线并复制,效果如图 3-60 所示。

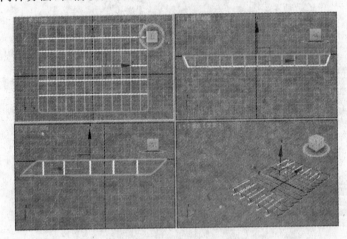

图   3-60

Step 7   绘制文件夹,单击"创建"面板中的"图形"按钮 ⊙ ,在"对象类型"卷展栏中单击 线 按钮,在左视图中绘制曲线,效果如图 3-61 所示。

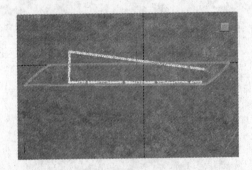

图   3-61

Step 8   打开"修改"面板,在"修改器列表"下拉列表框中选择"挤出"选项,在"参数"卷展栏中设置"数量"为 190。此时模型的效果如图 3-62 所示。

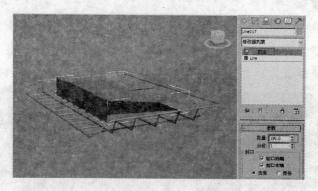

图 3-62

Step 9 单击"创建"面板中"几何体"按钮,在"对象类型"卷展栏中单击 **圆柱体** 按钮,在前视图中创建一个圆柱体,如图 3-63 所示。其参数设置如图 3-64 所示。

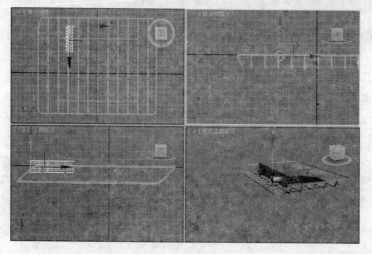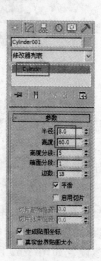

图 3-63   图 3-64

Step 10 在前视图中,单击工具栏中的 按钮,选择创建圆柱体,按住 Shift 键的同时移动复制另一根圆柱体,效果如图 3-65 所示。

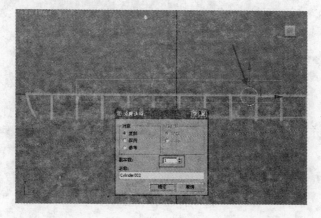

图 3-65

Step 11 选择文件,单击"创建"面板中的 按钮,在其下拉列表框中选择"复合对象"选项,在"对象类型"卷展栏中单击 布尔 按钮,然后单击 拾取操作对象B 按钮,拾取上一步创建的圆柱体,效果如图 3-66 所示。

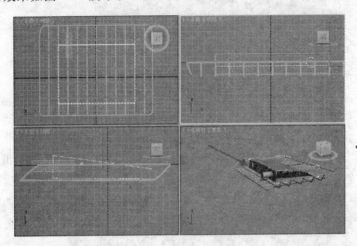

图　3-66

Step 12 用同样操作,进行"布尔"运算,制作另一个圆孔,效果如图 3-67 所示。

提示:进行"布尔"运算时,两个圆孔分两次进行"布尔"运算,否则运算会出错。

Step 13 单击"创建"面板中的"几何体"按钮 ,在"对象类型"卷展栏中单击 圆环 按钮,在前视图中创建一个圆环,如图 3-68 所示。其参设置如图 3-69 所示。

Step 14 为文件夹赋予材质并添加灯光,然后进行渲染处理,效果如图 3-70 所示。

图　3-67

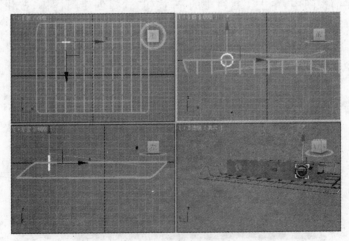

图　3-68

图 3-69

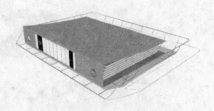

图 3-70

3.4.3 台标制作

本案例通过制作台标图形,介绍使用曲线编辑功能为标志模型勾边的方法。

Step 1 选择"视图"→"视口背景"菜单命令,打开"视口背景"对话框,如图 3-71 所示。

Step 2 激活前视图。单击"文件"按钮,并选择配套光盘目录中的 XYTV.jpg 文件。在"视口背景"对话框的"纵横比"选项区中选中"匹配位图"单选按钮,在其右侧分别选中"显示背景"、"锁定缩放/平移"复选项,如图 3-72 所示。此时的视图显示背景效果如图 3-73 所示。

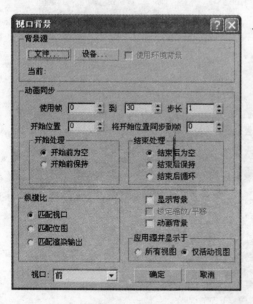

图 3-71

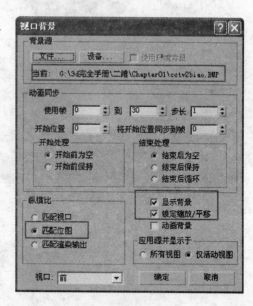

图 3-72

提示:在"纵横比"组中,选择"匹配位图"单选按钮,让视图匹配位图,这样导入的位图不会变形。选中"锁定缩放/平移"复选框,可以自由地缩放与平移。

Step 3 确定前视图为选择状态,单击视图控制区中的 按钮(或按 Alt＋W 键),使前视图最大化显示,如图 3-74 所示。

Step 4 单击"创建"面板中的图形 按钮,在"对象类型"卷展栏中单击 线 按钮,并按如图 3-75 所示的顺序绘制图形。

图   3-73

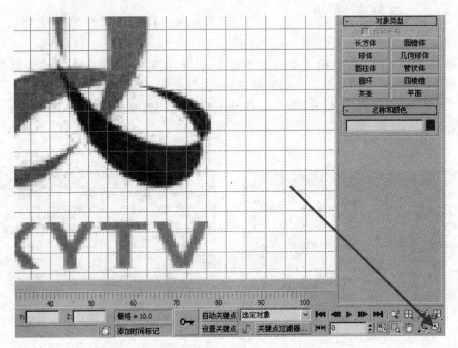

图   3-74

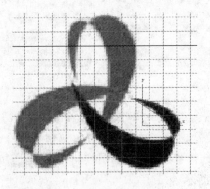

图   3-75

提示：绘制图形时，控制点尽量小，这样调整时线条光滑。

Step 5 打开"修改"面板，在"选择"卷展栏中单击 ⋯ 按钮，进入顶点子对象层级，选择一个顶点，然后右击，在弹出的快捷菜单中选择 Bezier 选项，如图 3-76 所示。调整曲线至合适位置，效果如图 3-77 所示。

Step 6 用同样方法，调节其他点，效果如图 3-78 所示。

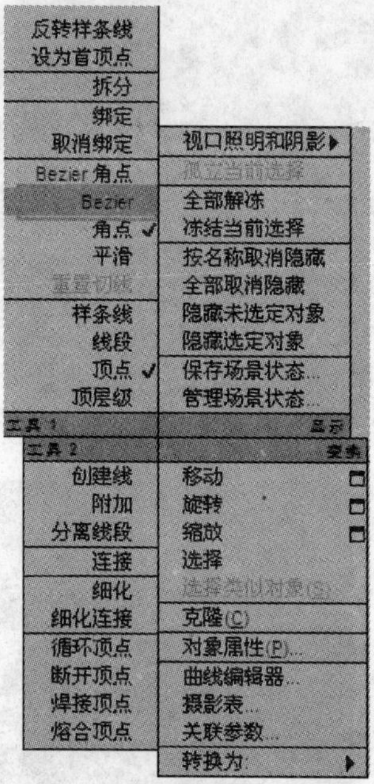

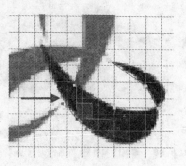

图 3-77

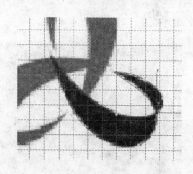

图 3-76

图 3-78

Step 7 选择绘制的曲线，单击命令面板中的 品 按钮，打开"层次"面板。单击 轴 按钮，再单击 仅影响轴 按钮，在前视图中将轴移到中心位置，如图 3-79 所示。

Step 8 再次单击 仅影响轴 按钮，退出子对象层级。单击工具栏中 ○ 按钮，然后右击 △ 按钮，在弹出"栅格捕捉设置"对话框中，设置"角度"为 120，如图 3-80 所示。然后，按住 Shift 键将其绕 Z 轴旋转复制，如图 3-81 所示。

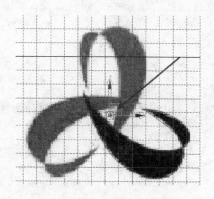

图 3-79

图 3-80

Step 9　选择"视图"→"视口背景"→"显示背景"命令,将背景隐藏,如图 3-82 所示。

图　3-81

图　3-82

Step 10　单击"创建"面板中的图形 按钮,在"对象类型"卷展栏中单击 文本 按钮,输入 XYTV,效果如图 3-83 所示。

Step 11　通过"倒角"命令进行倒角处理,然后为其赋予材质并进行渲染处理,效果如图 3-84 所示。

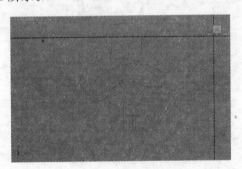

图　3-83

图　3-84

习题 3

1. 简答题

(1) 3ds Max 提供了哪几种二维图形? 如何创建这些二维图形? 如何改变二维图形的参数设置?

(2) 编辑样条线的次对象有哪几种类型?

(3) 3ds Max 中二维图形有哪几种节点类型? 各有什么特点?

(4) 如何使用二维图形的布尔运算?

(5) 尝试多种方法将二维不可以渲染的对象变成可以渲染的三维图形。各种方法的特点是什么?

2. 操作题

(1) 尝试制作如图 3-85 所示的模型。

(2) 制作如图 3-86 所示的模型。

图　3-85

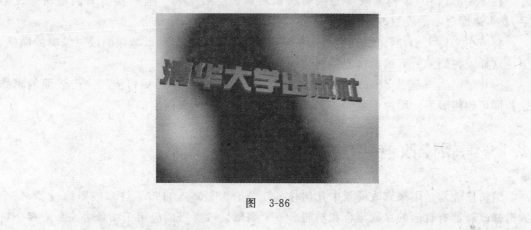

图　3-86

第 4 章

编辑修改器和复合对象

在 3ds Max 中,编辑修改器是编辑场景对象的主要工具。当给模型增加编辑修改器后,就可以通过参数设置改变模型。

要减小文件大小并简化场景,可以将编辑修改器堆栈的显示区域塌陷成可编辑的网格,但是这样做将删除所有编辑修改器和与编辑修改器相关的动画。

面片建模生成基于 Bezier 的表面。创建一个样条线构架,然后再应用一个表面编辑修改器即可创建表面。面片模型的一个很大的优点是可以调整网格的密度。

4.1 编辑修改器

编辑修改器是用来修改场景中几何体的工具。3ds Max 自带了许多编辑修改器,每个编辑修改器都有自己的参数集合和功能。一个编辑修改器可以应用于场景中一个或多个对象,根据参数的设置修改对象。同一对象也可以被应用于多个编辑修改器。后一个编辑修改器接收前一个编辑修改器传递过来的参数,编辑修改器的次序对最后结果影响很大。

在编辑修改器列表中可以找到 3ds Max 的编辑修改器。在命令面板上有编辑修改器显示区域,用来显示应用给几何体的编辑修改器,下面介绍这个区域。

4.1.1 编辑修改器堆栈显示区域

编辑修改器显示区域其实就是一个列表,包含基本对象和作用于基本对象的编辑修改器。通过这个区域,可以方便地访问基本对象和它的编辑修改器。图 4-1 所示为给基本对象增加了"UVW 贴图"、"网格平滑"的编辑修改器。

如果在堆栈显示区域选择了编辑修改器,那么它的参数将显示在修改面板的下半部分。

4.1.2 FFD 编辑修改器

该编辑修改器用于变形几何体,由一组称为格子的控制点组成。通过移动控制点,其下面的几何体也跟着变形。

FFD 编辑修改器有三个次对象层次:

(1) 控制点:单独或成组变换控制点。当控制点变换的时候,其下面的几何体也跟着变化。

（2）晶格：独立于几何体变换格子，以便改变编辑修改器的影响。

（3）设置体积：变换格子控制点，以便更好地适配几何体。做这些调整时，对象不变形。

"FFD参数"卷展栏如图4-2所示。

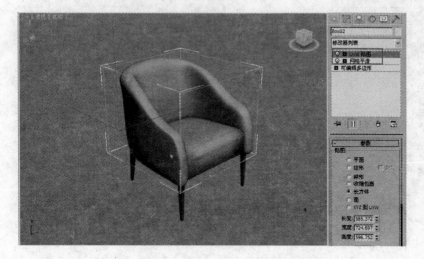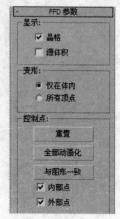

图　4-1　　　　　　　　　　　　　　　　　　　　图　4-2

"FFD参数"卷展栏包含三个主要区域。

"显示"区域控制是否在视口中显示格子，还可以按没有变形的样子显示格子。

"变形"区域可以指定编辑修改器是否影响格子外面的几何体。

"控制点"区域可以将所有控制点设置回它的原始位置，并使格子自动适应几何体。

4.1.3　"噪波"编辑修改器

"噪波"编辑修改器可以随机变形几何体，还可以设置每个坐标方向的强度。"噪波"可以设置动画，因此表面变形可以随着时间改变。变化的速率受"参数"卷展栏中"动画"下面的"频率"参数的影响，如图4-3所示。

"种子"数值可改变随机图案。如果两个参数相同的基本对象应用了同样参数的"噪波"编辑修改器，那么变形效果将是一样的。这时改变"种子"数值将使它们的效果变得不一样。

4.1.4　"锥化"编辑修改器

"锥化"修改工具通过缩放对象的两端而产生锥形轮廓修改造型，同时还可以加入光滑的曲线轮廓，允许用户控制导角的倾斜度、曲线轮廓的曲度，还可以限制局部的导角效果。

下面举例说明如何使用"锥化"编辑修改器。

Step 1　单击"创建"面板中的"图形"按钮，在"对象类型"卷展栏中单击 **星形** 按钮，在前视图中绘制一个星形，在"参数"卷展栏中设置"半径1"为105，"半径2"为40，"点"为5，如图4-4所示。绘制效果如图4-5所示。

Step 2　打开"修改"面板中，在"修改器列表"下拉列表框中选择"挤出"选项，在"参数"卷展栏中设置挤出"数量"为20，效果如图4-6所示。

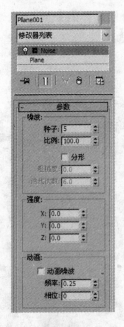

图　4-3

图　4-4

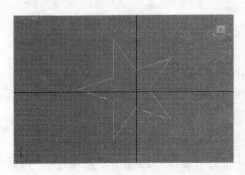

图　4-5

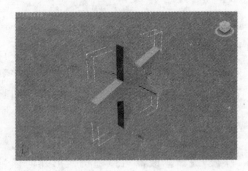

图　4-6

Step 3　在"修改器列表"下拉列表框中选择"锥化"选项,在"参数"卷展栏中设置锥化"数量"为－1,如图 4-7 所示。锥化效果如图 4-8 所示。

图　4-7

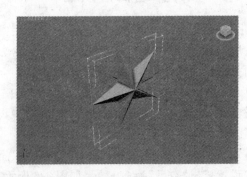

图　4-8

Step 4 激活顶视图，在主工具栏中单击 █ 按钮，在弹出的"镜像"对话框中，设置如图 4-9 所示。

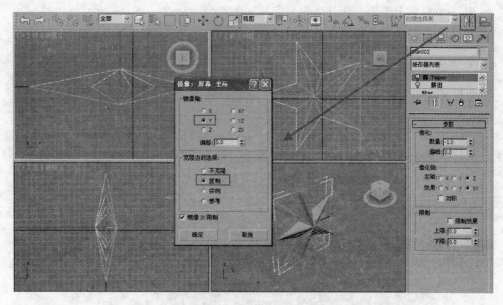

图 4-9

Step 5 将制作好的星星复制，并赋予材质，渲染透视图效果如图 4-10 所示。

图 4-10

4.2 复合对象

复合对象是将两个或多个对象结合起来形成的。常见的复合对象包括"布尔"、"放样"和"连接"等对象。

4.2.1 布尔对象

1. 布尔对象和运算对象

"布尔"对象是根据几何体的空间位置结合两个三维对象形成的对象。每个参与结合的对象称为运算对象。通常参与运算的两个布尔对象应该有相交的部分。有效的运算操作包括：

- 生成代表两个几何体总体的对象；
- 从一个对象上删除与另外一个对象相交的部分；
- 生成代表两个对象相交部分的对象。

2．布尔运算的类型

在布尔运算中常用的三种操作是：

（1）并集：生成代表两个几何体总体的对象。

（2）差集：从一个对象上删除与另外一个对象相交的部分。可以从第一个对象上减去与第二个对象相交的部分，也可以从第二个对象上减去与第一个对象相交的部分。

（3）交集：生成代表两个对象相交部分的对象。

3．创建布尔运算的方法

在用户界面中运算对象称为 A 和 B。当进行布尔运算的时候，选择的对象被当作运算对象 A。后加入的对象变成了运算对象 B。图 4-11 所示是布尔运算的参数卷展栏。

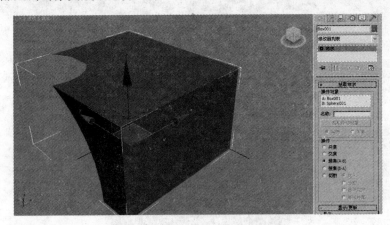

图　4-11

选择对象 B 之前，需要指定操作类型是"并集"、"差集"、"交集"中的一种。一旦选择了对象 B，就自动完成布尔运算，视口也会更新。

技巧：可以在选择运算对象 B 后，再选择运算对象。也可以创建嵌套的布尔运算对象，将布尔对象作为一个运算对象进行布尔运算就可以创建嵌套的布尔运算。

4．显示和更新选项

在"显示/更新"卷展栏中，该卷展栏的显示选项允许按如下几种方法观察运算对象或运算结果：

（1）结果：这是默认的选项，只显示运算的最后结果。

（2）操作对象：显示运算对象 A 和运算对象 B，就像布尔运算前一样。

（3）结果＋隐藏的操作对象：显示最后的结果和运算中去掉的部分，去掉的部分按线框方式显示。

5．表面拓扑关系的要求

表面拓扑关系指对象的表面特征。表面特征对布尔运算能否成功影响很大。对运算对象的拓扑关系有如下几点要求：

（1）运算对象的复杂程度类似。如果在网格密度差别很大的对象之间进行布尔运算，可能会产生细长的面，从而导致不正确的渲染。

（2）在运算对象上最好没有重叠或丢失的表面。

（3）表面法线方向应该一致。

4.2.2　编辑布尔对象

当创建布尔对象后，运算对象显示在编辑修改器堆栈的显示区域，如图 4-12 所示。

可以通过"修改"面板编辑布尔对象和它们的运算对象。在编辑修改器显示区域，布尔对象显示在层级的最顶层。可以展开布尔层级来显示运算对象，这样就可以访问在当前布尔对象或者嵌套布尔对象中的运算对象。可以改变布尔对象的创建参数，也可以给运算对象增加编辑修改器。在视口中更新布尔运算对象的任何改变。

图　4-12

可以从布尔运算中分离出运算对象。分离的对象可以是原来对象的复制品，也可以是原来对象的关联复制品。如果是采用复制的方式分离的对象，那么它将与原始对象无关。如果是采用关联方式分离的对象，那么对分离对象进行的任何改变都将影响布尔对象。采用关联的方式分离对象是编辑布尔对象的一个简单方法，这样就不需要频繁使用"修改"面板中的层级列表。

对象被分离后，仍然处于原来的位置。因此需要移动对象才能看得清楚。

4.2.3　放样

用一个或多个二维图形沿着路径扫描就可以创建放样对象，定义横截面的图形被放置在路径的指定位置，可以通过插值得到截面图形之间的区域。

1．放样的相关术语

"路径"和"横截面"都是二维图形。但是在界面内分别被称为"路径"和"图形"，如图 4-13 所示。

2．创建放样对象

在创建放样对象之前必须先选择一个截面图形或路径。如果先选择路径，那么开始的截面图形将被移动到路径上，以便它的局部坐标系的

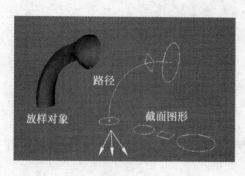

图　4-13

Z轴与路径的起点相切。如果先选择了截面图形,将移动路径,以便它的切线与截面图形局部坐标系的Z轴对齐。

指定的第一个截面图形将沿着整个路径扫描,并填满这个图形。要给放样对象增加其他截面图形,必须先选择放样对象,然后指定截面图形在路径上的位置,最后选择要加入的截面图形。

插值在截面图形之间创建表面。3ds Max使用每个截面图形的表面创建放样对象的表面。如果截面图形的第一点相差很远,将创建扭曲的放样表面。可以在给放样对象增加完截面图形后,旋转某个截面图形来控制扭转。

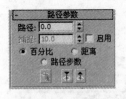

有三种方法可以指定截面图形在路径上的位置。指定截面图形位置时使用的是"路径参数"卷展栏,如图4-14所示。

* 百分比:用路径的百分比来指定横截面的位置。
* 距离:用从路径开始的绝对距离来指定横截面的位置。
* 路径步数:用表示路径样条线的节点和步数来指定位置。

图   4-14

在创建放样对象时,可以设置"蒙皮表皮"参数,通过设置"蒙皮表皮"参数调整放样的如下几个方面:

* 可以指定放样对象顶和底是否封闭;
* 使用"图形步数"设置放样对象截面图形节点之间的网格密度;
* 使用"路径步数"设置放样对象沿着路径方向截面图形之间的网格密度。
* 在两个截面图形之间的默认插值设置是"变形",可以将插值设置为"栅格"。

下面举例说明如何使用"放样"编辑修改器放样对象。

Step 1   单击"创建"面板中的"图形"按钮,在"对象类型"卷展栏中单击 线 按钮,在顶视图中绘制一条直线,然后单击 矩形 按钮,创建一个矩形。单击 圆 按钮,创建一个圆形,如图4-15所示。

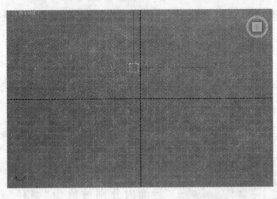

图   4-15

Step 2   确认直线处于选择状态,单击创建面板中的 ○ 按钮,在其下方的下拉列表框中选择"复合对象"选项,在其"对象类型"卷展栏中单击 放样 按钮,如图4-16所示。

Step 3   单击"创建方法"卷展栏中的 获取图形 按钮,然后在视图单击矩形,产生图形如图4-17所示。

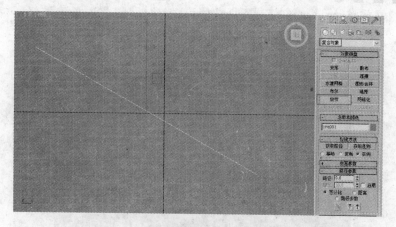

图 4-16

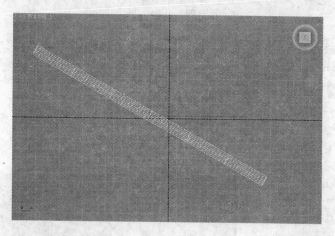

图 4-17

Step 4 在"路径参数"卷展栏中设置"路径"值为 40，此时会看到星的位置移到了路径 40％的位置上，如图 4-18 所示。单击 获取图形 按钮，在顶视图中单击矩形截面，如 图 4-19 所示。

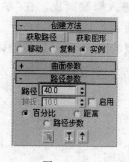

图 4-18

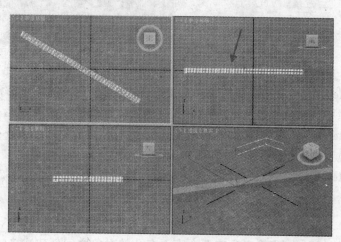

图 4-19

Step 5 将"路径"值设置为55，获取圆形截面形状，如图4-20所示。

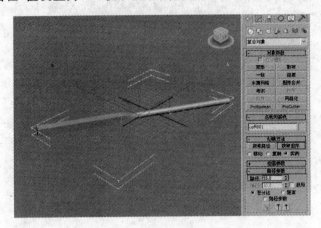

图 4-20

Step 6 选取放样物体，打开"修改"面板，在修改器堆栈中选择"图形"子对象层级，在"图形命令"卷展栏中单击 比较 按钮，如图4-21所示。选择如图4-22所示的放样圆，单击工具栏中的 ◎ 按钮，将所选择的圆旋转一定的角度，调整放样形状。

图 4-21

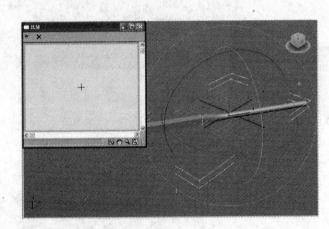

图 4-22

Step 7 由于放样体的边缘是锐边，将其圆角化。选择矩形，进入修改面板。在"参数"卷展栏中，将"角半径"设置为3。此时的放样物体形状如图4-23所示。

Step 8 选取放样物体，单击工具栏中的 ✛ 按钮，按住Shift键的同时，拖动放样物体至合适位置，些时将复制出放样物体，效果如图4-24所示。

Step 9 将制作好的筷子贴上材质并打上灯光，效果如图4-25所示。

4.2.4 连接

"连接对象"组合对象在两个表面有孔的对象之间创建连接的表面。

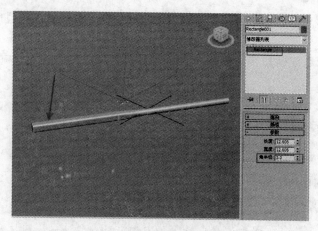

图 4-23

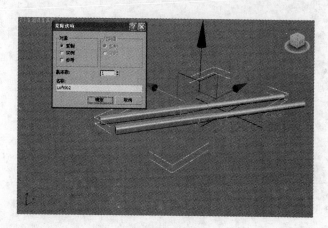

图 4-24

图 4-25

1. 运算对象的方向

两个运算对象上的孔应该相互面对。只要丢失表面(形成孔)之间的夹角在±90°之间,那么就应该形成连接的表面。

2. 多个孔

如果对象上有多个孔,那么可以在其上创建多个连接,但是连接数不可能多于有最少孔数对象上的孔数。如果对象上有多个孔,那么应该使它们之间有合适的位置,否则可能创建相互交叉的对象。

3. 连接表面的属性

连接的命令面板如图 4-26 所示。使用这个面板可以参数化地控制运算对象之间的连接。可以指定连接网格对象上的段数、光滑和张力。较高的张力数值使连接表面相互靠近,从而使它们向中心

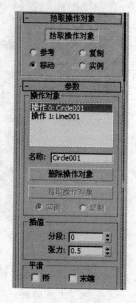

图 4-26

收缩。较低的正张力数值倾向于在运算对象的孔之间进行线性插值,负的张力数值增加连接对象的大小。

可以使用光滑组控制连接几何体及其相邻表面之间的光滑程度。在默认的情况下,末端是不光滑的。

4.3   经典案例

4.3.1   耳机制作

本案例通过制作耳机模型,介绍"放样"及其修改命令的使用方法。

Step 1   单击"创建"面板中的图形 按钮,在"对象类型"卷展栏中单击 线 按钮,在前视图绘制如图 4-27 所示的曲线。

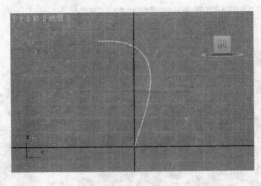

图   4-27

Step 2   单击"创建"面板中的图形 按钮,在"对象类型"卷展栏中单击 圆 按钮,在顶视图绘制如图 4-28 所示的圆。

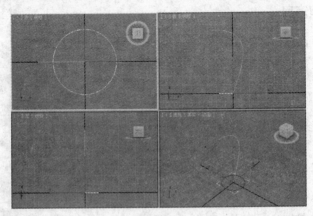

图   4-28

Step 3   选择绘制曲线,在"几何体"创建面板的下拉列表框中选择"复合对象"选项,在其"对象类型"卷展栏中单击 放样 按钮,如图 4-29 所示。

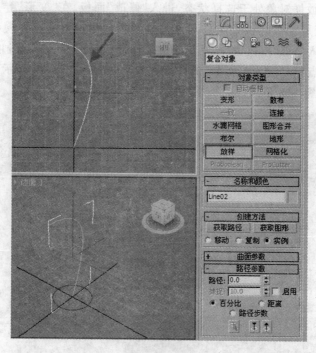

图 4-29

Step 4 单击"创建方法"卷展栏中的 获取图形 按钮,然后在视图单击圆形,产生图形如图 4-30 所示。

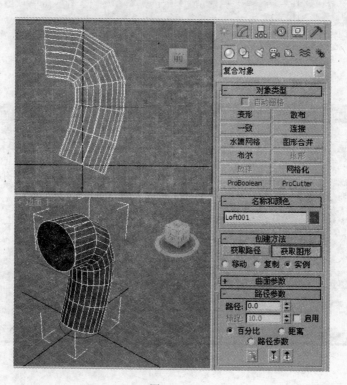

图 4-30

Step 5 保存放样对象处于选择状态,进入"修改"面板,在"变形"卷展栏中单击"缩放"按钮,弹出"缩放变形"窗口,如图 4-31 所示。在该窗口中可以对放样模型进行更细致的设置。首先单击"插入角点"按钮,根据耳机侧面的伸缩状况沿着变形曲线增加若干个角点,然后使用"移动控制点"和"缩放控制点"工具移动角点位置(如图 4-32 所示),使入样对象呈现耳机大体形状,如图 4-33 所示。

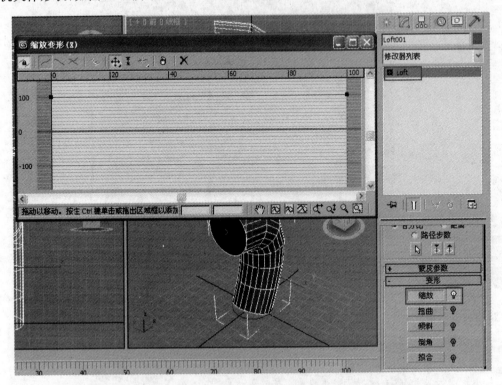

图 4-31

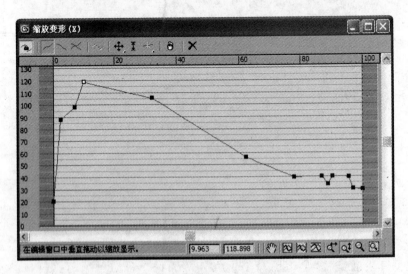

图 4-32

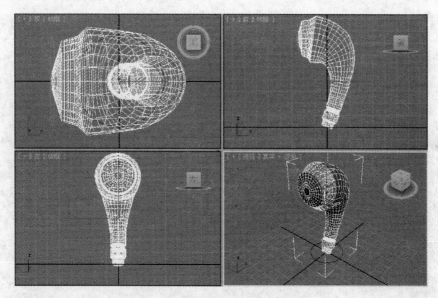

图 4-33

Step 6 平滑曲线,在"缩放变形"窗口中选择所有角点,右击,在弹出的快捷菜单中选择"Bezier-平滑"选项,将原来的角点变为 Bezier 平滑方式,如图 4-34 所示。适当地调整一下各点的手柄,使耳机模型显得更加平滑,如图 4-35 所示。

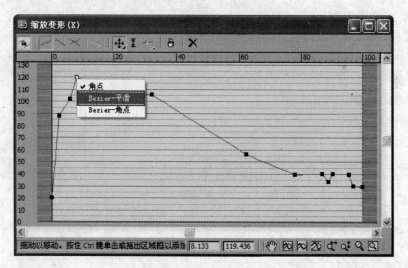

图 4-34

Step 7 选择机壳和耳机喇叭部分连接处的角点,右击,在弹出的快捷菜单中选择"Bezier-角点"选项,然后调节该点两端的手柄,使其变为折角,如图 4-36 所示。

Step 8 选择耳机壳底部与电线相连接处的三个点,将其转换为"Bezier-角点"选项,然后使用"插入角点"按钮在其凹槽内再增加一个新的角点,并且将它也转换为"Bezier-角点"选项;根据耳机的结构,将下面两个顶点和上面两个顶点都调节为折角形式,如图 4-37 所示。

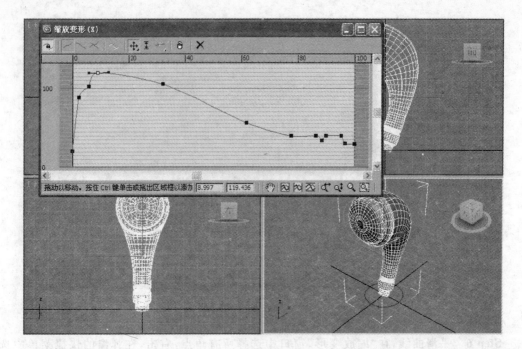

图 4-35

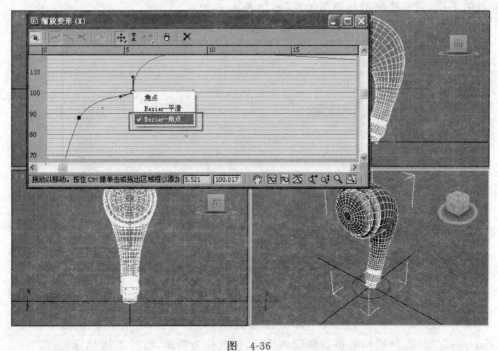

图 4-36

Step 9 单击"蒙皮参数"卷展栏,设置"图形步数"值为12,"路径步数"值为10,使耳机看上出更加光滑,效果如图4-38所示。

Step 10 为创建的模型赋予材质、添加灯光,然后进行渲染,最终效果如图4-39所示。

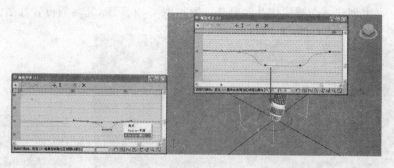

图 4-37

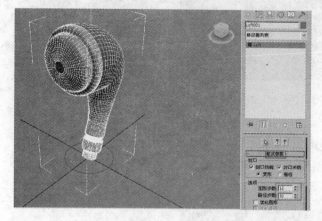

图 4-38

图 4-39

4.3.2 螺丝制作

本案例通过制作螺丝模型,介绍几何体,进行"布尔"运算的方法。

Step 1 单击创建面板中的几何体按钮 ⊙,在"对象类型"卷展栏中单击 圆柱体 按钮,在顶视图中创建一个圆柱体(如图 4-40 所示),其参数设置如图 4-41 所示。

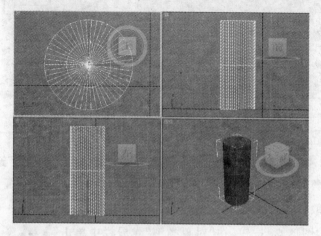

图 4-40

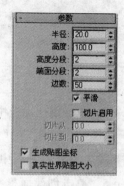

图 4-41

Step 2　再次创建一个圆柱体并调整其位置如图 4-42 所示,其参数设置如图 4-43 所示。

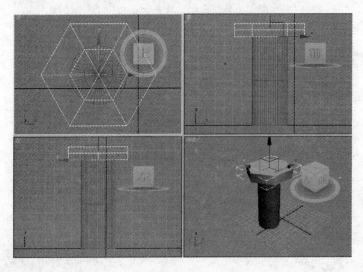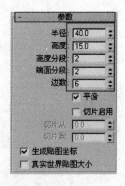

图　4-42　　　　　　　　　　　　　　　　　　　　　图　4-43

Step 3　单击创建面板中的几何体按钮 ,在"对象类型"卷展栏中单击 圆锥体 按钮,在顶视图中创建一个圆锥体并调整其位置如图 4-44 所示,其参数设置如图 4-45 所示。

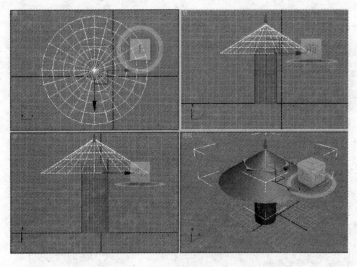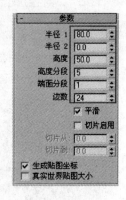

图　4-44　　　　　　　　　　　　　　　　　　　　　图　4-45

Step 4　单击创建面板中的 按钮,在其下方的下拉列表框中选择"复合对象"选项。单击 布尔 按钮,在"参数"卷展栏中选取"并集"选项(如图 4-46 所示),单击 拾取操作对象 B 按钮,在视图中选取第二个圆柱体,此时效果如图 4-47 所示。

Step 5　单击创建面板中的图形 按钮,在"对象类型"卷展栏中单击 螺旋线 按钮,在顶视图中创建一个螺旋线并调整其位置如图 4-48 所示,其参数设置如图 4-49 所示。

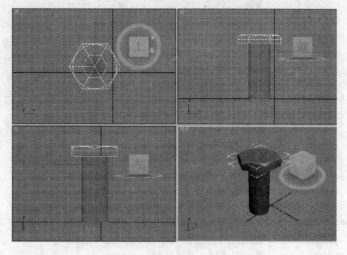

图 4-46   图 4-47

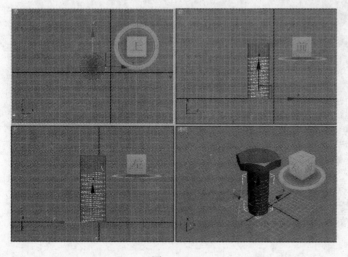

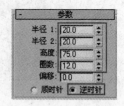

图 4-48   图 4-49

Step 6 单击创建面板中的图形 按钮,在"对象类型"卷展栏中单击 多边形 按钮,在前视图中创建一个多边形,其参数设置如图 4-50 所示。

Step 7 选择螺丝线,单击创建面板中的 按钮,在其下方的下拉列表框中选择"复合对象"选项。单击 放样 按钮,在"创建方法"卷展栏中单击 获取图形 按钮,选择多边表,此时效果如图 4-51 所示。

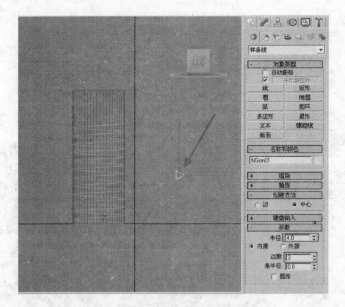

图　4-50

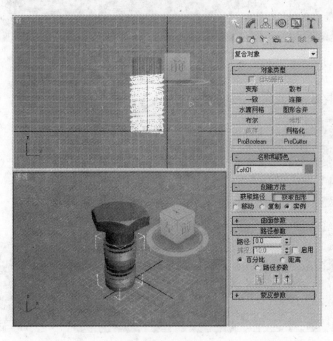

图　4-51

Step 8　在"蒙皮参数"卷展栏中,取消"倾斜"复选框,其他设置参数如图 4-52 所示,效果如图 4-53 所示。

Step 9　选择第一个圆柱体,单击创建面板中的 ⬤ 按钮,在其下方的下拉列表框中选择"复合对象"选项。单击 布尔 按钮,在"参数"卷展栏中选取"差集"选项,单击 拾取操作对象 B 按钮,在视图中选取放样的螺丝线,此时效果如图 4-54 所示。

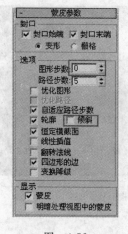

图　4-52

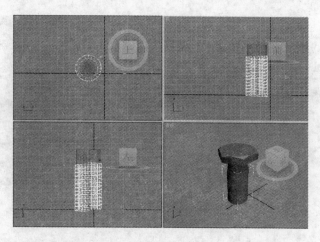

图　4-53

图　4-54

习题 4

1. 简答题

（1）如何给场景的几何体增加编辑修改器？

（2）如何在编辑修改器堆栈显示区域访问不同的层次？

（3）如何使用面片建模工具建模？

（4）是否可以在不同对象之间复制编辑修改器？

（5）如何使用 FFD 编辑修改器建立模型？

（6）如何使用 NOISE 编辑修改器建立模型？如何设置 NOISE 编辑修改器的动画效果？

（7）简述放样的基本过程。

（8）二维图形合法的放样路径是什么？二维图形合法的截面图形是什么？

（9）通过放样为什么能构造复杂的物体？

（10）如何创建布尔运算对象？

2. 上机操作题

（1）运用编辑修器制作如图 4-55 所示的图形。

（2）运用复合对象制作如图 4-56 所示的图形。

图 4-55

图 4-56

第 5 章

材质编辑

在 3ds Max 中材质与贴图的建立和编辑都是通过材质编辑器完成的。通过 3ds Max 渲染功能，可以将创建的材质和贴图表现出来，使物体表面显示不同的质地、色彩和纹理。

材质在三维模型创建过程中是至关重要的一环。通过它来增加模型的细节，体现出模型的质感。总而言之，材质直接的影响着对象模型的创建。图 5-1 所示为赋予材质的模型。

图 5-1

5.1 材质编辑器的使用

单击工具栏中的 █ 按钮即可打开"材质编辑器"窗口，如图 5-2 所示。材质编辑器共分为两大部分：

上部分为固定不变区，包括示例显示、材质效果和垂直的工具列与水平的工具行一系列功能按钮。名称栏中显示当前材质名称，如图 5-3 所示。

下半部分为可变区，从 Basic Parameters 卷展栏开始包括各种参数卷展栏，如图 5-4 所示。

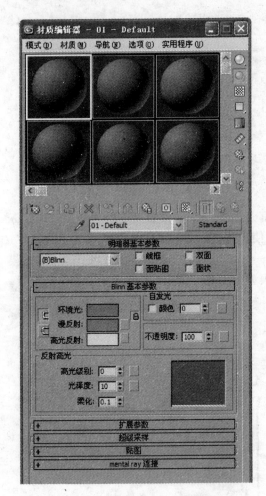

图   5-2

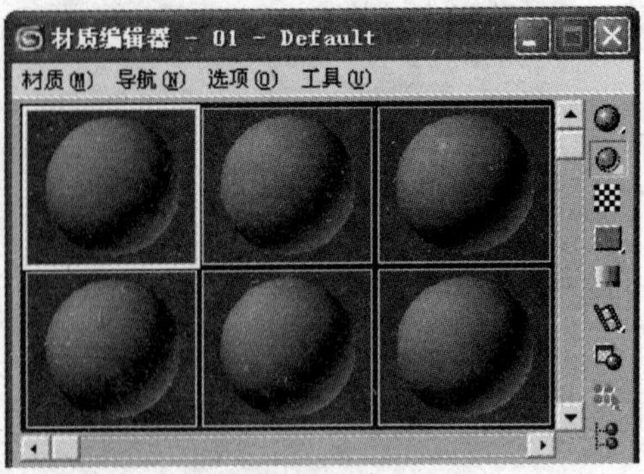

图   5-3

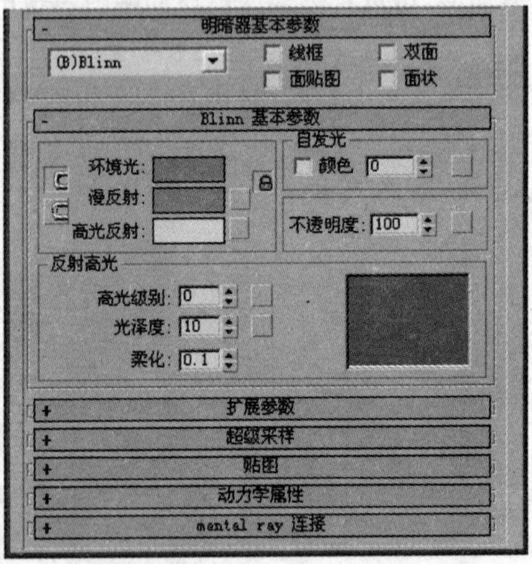

图   5-4

5.1.1 示例显示区

在材质编辑器的上方区域为示例显示区,示例显示区域包含多个示例窗,在示例窗中用户可以预览材质和贴图,如图 5-5 所示。

在默认状态下示例显示为球体,每个窗口显示一个材质。可以使用材质编辑器的控制器改变材质,并将它赋予场景的物体。最简单的赋材质的方法就是用鼠标将材质直接拖曳到视窗中的物体上。

单击一个示例框可以激活它,被击活的示例窗被一个白框包围着。在选定的示例窗内右击,弹出显示属性菜单。在菜单中选择排放方式,在示例窗内显示 6、15 或 24 个示例框。选择该快捷菜单中的"放大"选项,可以将选定的示例框放置在一个独立浮动的窗口中,如图 5-6 所示。

图 5-5

图 5-6

5.1.2 工具栏

材质编辑器中的工具分栏分为垂直工具栏和水平工具栏,下面分别对其进行介绍。

1. 垂直工具栏

垂直工具栏中包含了许多设置材质的工具按钮,下面简单介绍各按钮的主要功能。

(1) ⬡：采样类型。可选择样品为球体、圆柱或立方体。

(2) ⬡：背光。按下此按钮可在样品的背后设置一个光源。

(3) ▨：背景。在样品的背后显示方格底纹。

(4) ▤：采样 UV 平辅,可选择 2×2、3×3、4×4。

(5) ▦：视频颜色检查。可检查样品上材质是否超出 NTSC 或 PAL 制式的颜色范围。

(6) ⬡生成预览。主要是观看材质的动画效果。单击该按钮将弹出如图 5-7 所示的对话框。

(7) ⬡：选项按钮,用来设置材质编辑器的各个选项,单击之弹出如图 5-7 所示的对话框。

(8) ⬡：材质/贴图导航器。单击后弹出如图 5-8 所示的对话框。对话框中显示的是当前材质的贴图层次,在对话框顶部选取不同的按钮可以用不同的方式显示,如图 5-9 所示。

(9) ⬡：按材质选取。需要将设置的材质赋予场景中的多个对象时,不必到场景中逐一选择。可将材质赋予第一个对象后,单击该按钮,在弹出的对话框中选择要赋予同一材质的对象的名称,关闭对话框后即可将某一材质一次性赋予多个对象。

2. 水平工具栏

水平工具栏中包含很多工具按钮,下面简单介绍几种常用工具按钮的主要功能。

图 5-7

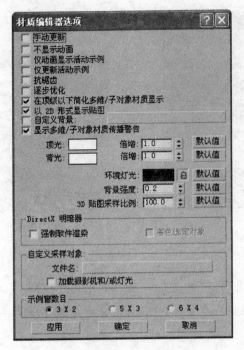

图 5-8   图 5-9

（1） ：获取材质。单击该按钮可以打开"材质/贴图浏览器"窗口，用户可以在其中选择各种不同的材质和贴图。

（2） ：将材质赋予选择的对象。把当前激活的材质赋予场景中选择的一个或多个物体。

（3） ：重置贴图/材质为默认设置。用于清除激活的材质球，使其恢复到默认状态。

（4） ：生成材质副本。把一个材质指定给场景中的物体后，对材质进行编辑，场景中的物体也会同步变化。如果需要对材质进行编辑，但又不希望影响场景中的物体，可单击该按钮在当前位置复制一个相同的材质。此时，材质变为非指定状态，对其进行编辑不会影响场景的物体。

（5） ：放入库。把当前激活的材质保存到材质库中。使用这种方法可以将比较满意的材质保存起来，以后直接调用即可，不用重复创建。

（6） ：转到父对象，创建的材质可以包含不同的层级，单击该按钮可以切换到当前层级的父层级。

（7） ：转到下一个同级项。可以在同一层级的对象之间进行切换。

5.2 参数卷展栏

创建的各种材质基本上都需要在参数卷展栏中对其参数进行设置。即每种材质都包含了大量的参数，而各种材质的参数也不尽相同，3ds Max 共包括 7 个参数卷展栏，如图 5-10 所示。

+	明暗器基本参数
+	Blinn 基本参数
+	扩展参数
+	超级采样
+	贴图
+	动力学属性
+	mental ray 连接

图 5-10

在"明暗器基本参数"卷展栏中有 8 种着色类型：各向异性、Blinn、金属、多层、Oren-Bayar-Blinn、Phong、Strauss 和半透明明暗器。每一种着色类型确定在渲染一种材质时着色的计算方式。如图 5-11(a)～图 5-11(h)所示。

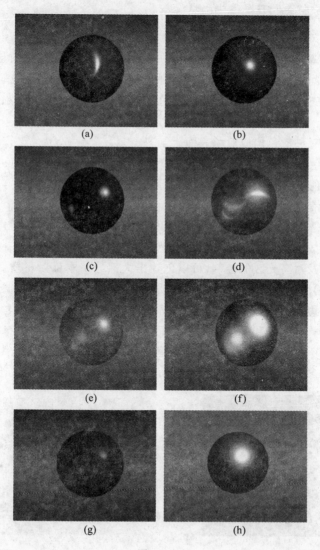

(a)　　　　　　　(b)

(c)　　　　　　　(d)

(e)　　　　　　　(f)

(g)　　　　　　　(h)

图 5-11

这8种着色方式的选择取决于场景中所构建的角色需求。当需要创建玻璃或塑料物体时，可选择 Phong 或 Blinn 着色方式，如果要使物体具有金属质感，则选择金属着色方式。完成着色类型的选择后，着色基本参数卷展栏下的卷展栏会自动切换为与着色方式相应的卷展栏。在这一卷展栏内可对材质部件颜色进行设置，分为漫反射颜色、反光、不透明度三项。

在明暗器基本参数卷展栏中，另外有4个选项：线框、双面、面状贴图、面状材质。通过对这4种选项的设置，可使同一材质实现不同的渲染效果。

对于高度透明的三维对象如以单线条生成的面片物体，可以看到法线指向观察对象的表面后面的几何体。如果选中了"双面"复选框，3ds Max 将渲染那些对象不透明时被挡住的面，包括后部表面的高光。渲染双面材质比渲染正向的面要耗费更多时间。

5.3　设定基本材质

在 3ds Max 中基本材质赋予对象一种单一的颜色，基本材质和贴图与复合材质是不同的。在虚拟三维空间中，材质是用于模拟表面的反射特性与真实生活中对象反射光线的特性是相区别的。这三种颜色分别为环境光颜色、漫反射的颜色和高光反射颜色，下面对其进行详细介绍。

基本材质使用三种颜色构成对象表面。

(1) 环境光颜色是对象阴影处的颜色，是环境光比直射光强时对象反射的颜色。

(2) 漫反射颜色是光照条件较好，如在太阳光和人工光直射情况下，对象反射的颜色，又被称作对象的固有色。

(3) 高光颜色是反光亮点的颜色。高光颜色看起来比较亮，而且高光区的形状和尺寸可以控制。根据不同质地的对象确定高光区范围的大小以及形状。

使用三种颜色及对高光区的控制，可以创建出大部分基本反射材质。这种材质相当简单，但能生成有效的渲染效果。同时，基本材质同样可以模拟发光对象、透明或半透明对象。

这三种颜色在边界的地方相互融合。在环境光颜色与漫反射颜色之间，融合根据标准的着色模型进行计算。高光和环境光颜色之间，可使用材质编辑器来控制融合数量。被赋予同种基本材质的不同造型的对象边界融合程度不同，如图 5-12 所示。

对材质的基本参数的设置主要通过"Blinn 基本参数"卷展栏完成，如图 5-13 所示。

图　5-12

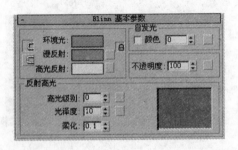

图　5-13

在创建基本材质时首先根据创建的对象要求在"明暗器基本参数"卷展栏中的 8 种着色类型中选择一种,然后再根据需要进行其他参数的设置。

5.4 经典案例

5.4.1 透空材质

本案例通过制作盆景介绍"透空"材质的应用技巧,学习透空材质的编辑方法。

Step 1 选择"文件"→"打开"命令,打开"透空.max"素材文件,如图 5-14 所示。

Step 2 按 M 键打开"材质编辑器"窗口,选择一上材质球,然后在"Blinn 基本参数"卷展栏中分别设置"高光级别"和"光泽度"的值均为 0,如图 5-15 所示。

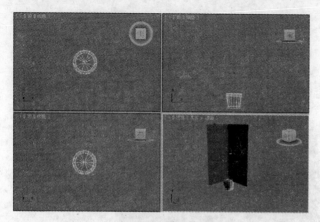

图 5-14

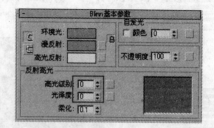

图 5-15

提示:设置"高光级别"和"光泽度"的值为 0;否则,在光的照射下,树的透明部分会出现高光颜色,影响效果。

Step 3 单击"贴图"卷展栏中"漫反射颜色"复选框右侧 **None** 按钮,在打开的"材质/贴图浏览器"对话框中双击"位图"选项,在弹出的对话框中选择贴图文件,如图 5-16 所示。然后将材质赋予给模型中的树叶,渲染透视图效果如图 5-17 所示。

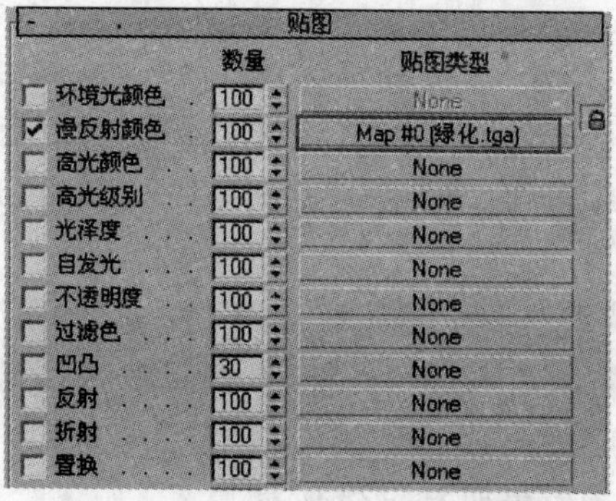

图 5-16

图 5-17

Step 4　单击"贴图"卷展栏中"不透明度"复选框右侧 None 按钮,在打开的"材质/贴图浏览器"对话框中双击"位图"选项,在弹出的对话框中选择贴图文件,如图5-18所示。渲染透视图效果如图5-19所示。

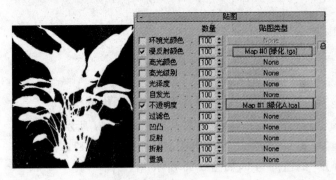

图　5-18　　　　　　　　　　　　　　　　　　　　图　5-19

5.4.2　线框材质

本案例通过制作一个装饰瓶来介绍"线框"材质的制作方法,学习线框材质编辑方法。

Step 1　单击"文件"→"打开"命令,打开"线框材质.max"素材文件,如图5-20所示。

图　5-20

Step 2　单击工具栏中材质编辑器 按钮,打开"材质编辑器"窗口,选择一个材质球,在"明暗器基本参数"卷展栏中的下拉列表框中选择"金属"选项,选中"线框"、"双面"选项。在"金属基本参数"卷展栏中设置"漫反射"颜色为黄色。将"高光级别"设置为80,"光泽度"设置为75,如图5-21所示。

Step 3　在"贴图"卷展栏中单击"反射"右边的 None 按钮,打开"材质/贴图浏览器"对话框。在"光线跟踪"选项上双击,为"反射"贴图通道指定一种"光线跟踪"贴图材质,如图5-22所示。

Step 4　将材质赋予给模型,渲染摄像机视图效果如图5-23所示。

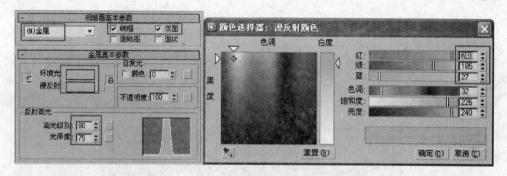

图 5-21

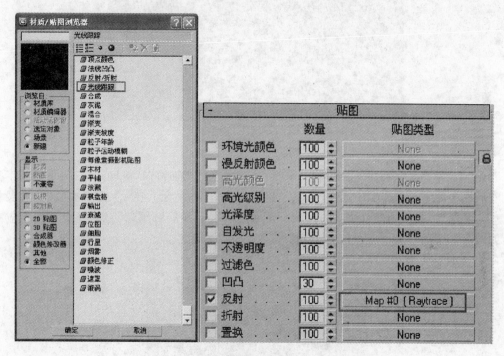

图 5-22

图 5-23

5.4.3　金属材质

本案例通过制作台标材质来介绍"金属"材质的制作方法以及如何结合其他命令完善其造型。

Step 1　选择"文件"→"打开"命令,打开 XYTV.max 素材文件,如图 5-24 所示。

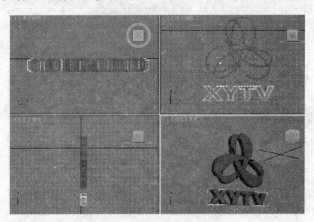

图　5-24

Step 2　单击工具栏中材质编辑器按钮 ,打开"材质编辑器"窗口。在"明暗器基本参数"卷展栏中的下拉列表框中选择"金属"选项,如图 5-25 所示;在"金属基本参数"卷展栏中单击"漫反射"右侧的颜色块,在打开的"颜色选择器:漫反射颜色"对话框中设置相应参数,如图 5-26 所示。然后,单击"确定"按钮。

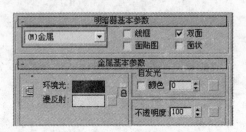

图　5-25

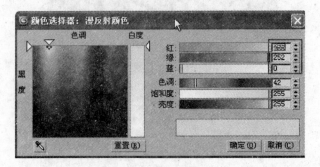

图　5-26

Step 3 在"金属基本参数"卷展栏的"反射高光"选项区中设置"高光级别"设置为100,"光泽度"设置为80,如图 5-27 所示。

Step 4 单击"贴图"卷展栏中"反射"复选框右侧 `None` 按钮,在打开的"材质/贴图浏览器"对话框中双击"位图"选项,在弹出的对话框中选择 Gold08.tag 文件,单击"打开"按钮,如图 5-28 所示;在"位图参数"卷展栏中单击 `查看图像` 按钮,在弹出的"指定裁剪/放置"窗口中选择如图 5-29 所示的图像,选中"应用"复选项。

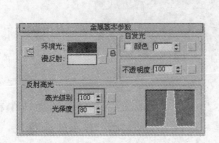

图 5-27　　　　　　　　　　　　　　　　图 5-28

Step 5 选取视图中的电视台台标,单击"材质编辑器"窗口中的 按钮,将此材质赋予所选择的对象,激活透视图,按 Shift+Q 组合键进行快速渲染,渲染效果如图 5-30 所示。

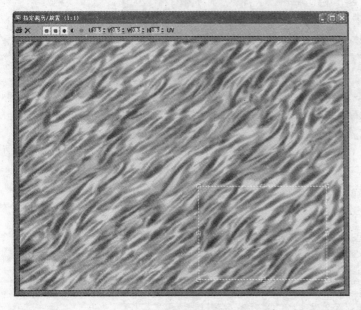

图 5-29　　　　　　　　　　　　　　　　图 5-30

5.4.4 玻璃材质

本案例通过制作台标来介绍"玻璃"材质的制作方法,以及如何结合其他命令完善其造型。

Step 1 选择"文件"→"打开"命令,打开 XYTV.max 素材文件,如图 5-31 所示。

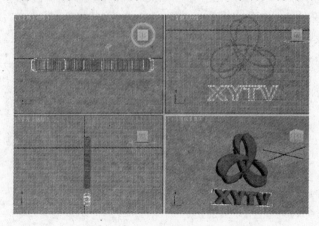

图 5-31

Step 2 单击工具栏中"材质编辑器"按钮 ,打开"材质编辑器"窗口,选择一个材质球,并将其命名为 Glass。在"Blinn 基本参数"卷展栏中单击"环境光"右侧的颜色块,在打开的"颜色选择器:漫反射颜色"对话框中设置其颜色为灰色,其颜色值设置如图 5-32 所示。同样,将"漫反射、高光反射"颜色均设置为白色。在"反射高光"选项区中,设置"高光级别"为 100、"光泽度"为 69、"柔化"为 0.53、"不透明度"为 0,如图 5-33 所示。

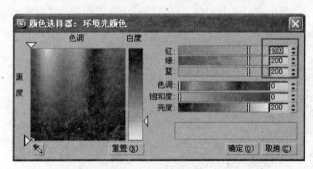

图 5-32

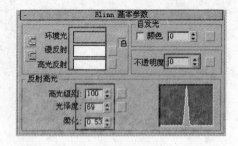

图 5-33

Step 3 在"贴图"卷展栏中单击"折射"复选框右边的 None 按钮,打开"材质/贴图浏览器"对话框。在"光线跟踪"选项上双击,为"折射"贴图通道指定一种"光线跟踪"贴图材质,效果如图 5-34 所示。

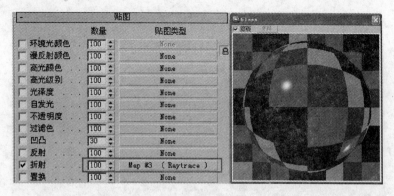

图 5-34

Step 4 创建环境材质。单击"渲染"→"环境"命令,在弹出的"环境和效果"对话框中,单击 **无** 按钮,如图 5-35 所示。打开"材质/贴图浏览器"对话框,在"位图"选项上双击,在弹出的"选择位图图像文件"对话框中选择 Cloud. TIF 文件,单击"打开"按钮,如图 5-36 所示。

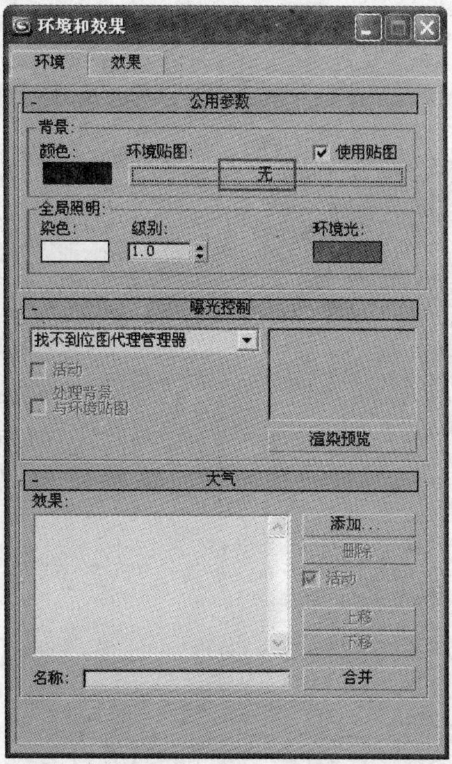

图 5-35

Step 5 在打开的"环境和效果"窗口中,将环境贴图文件拖曳至材质编辑器中的一个材质球上,如图 5-37 所示,在"实例(副本)贴图"对话框中选中"实例"单选按钮,单击"确定"按钮,如图 5-38 所示。

图 5-36

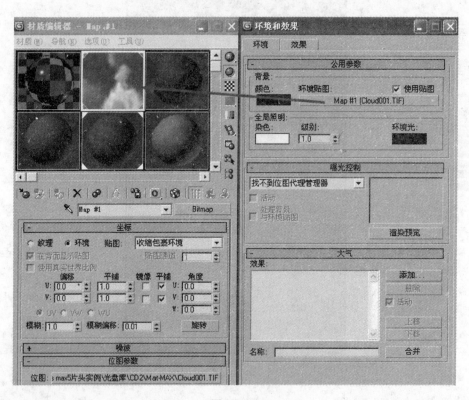

图 5-37

Step 6 在"坐标"卷展栏中设置"贴图"选项右侧的下拉列表框中选择"收缩包裹环境"选项,如图 5-39 所示。

图 5-38

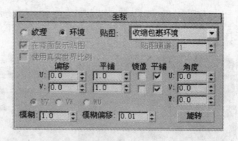

图 5-39

Step 7 选取视图中的电视台台标,单击 按钮将此材质赋予相应对象,然后激活透视图,按 Shift+Q 组合键进行快速渲染,效果如图 5-40 所示。

图 5-40

5.4.5 多维子材质

本案例通过制作标志材质,介绍"多维/子材质"创建方法,以及如何结合其他命令完善其造型。

Step 1 选择"文件"→"打开"命令,打开"YZTV 标志. max"素材文件,如图 5-41 所示。

图 5-41

Step 2 单击工具栏中材质编辑器 ▦ 按钮,打开"材质编辑器"窗口。单击 `Standard` 按钮,在弹出的"材质/贴图浏览器"对话框中选择"多维/子对象"选项,如图 5-42 所示。单击"确定"按钮,在弹出的对话框中选中"丢弃旧材质"单选按钮,如图 5-43 所示。单击"确定"按钮,关闭对话框。

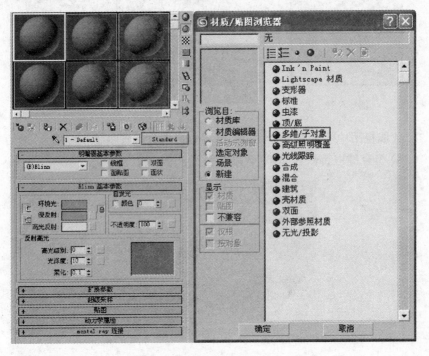

图　5-42

Step 3　在"多维/子对象基本参数"卷展栏中单击 设置数量 按钮,在弹出的对话框中设置"材质数量"为 2,如图 5-44 所示。单击"确定"按钮,关闭对话框。

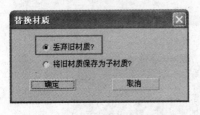

图　5-43

图　5-44

Step 4　单击子材质 1 右侧的按钮,进入第 1 个子材质,在"明暗器基本参数"卷展栏中的下拉列表框中选择"金属"选项,在"金属基本参数"卷展栏中单击"漫反射"右侧的颜色块,在打的"颜色选择器:漫反射颜色"对话框中设置其参数,如图 5-45 所示。单击"关闭"按钮关闭对话框。

Step 5　在"金属基本参数"卷展栏中将"高光级别"设置为 72,"光泽度"设置为 71,如图 5-46 所示。选中"自发光"复选框,设置颜色 RGB 值分别为 R=96、G=96、B=96。

Step 6　单击 按钮返回上一级,在"多维/子对象基本参数"卷展栏中单击材质 2 右侧的按钮,进入第 2 个子材质,在"明暗器基本参数"卷展栏中的下拉列表框中选择"金属"选项,在"金属基本参数"卷展栏中单击"漫反射"右侧的颜色块,在打开的"颜色选择器:漫反

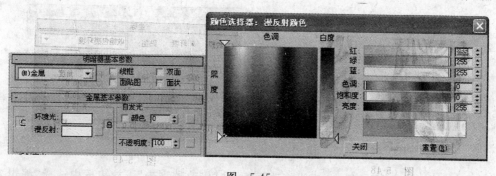

图　5-45

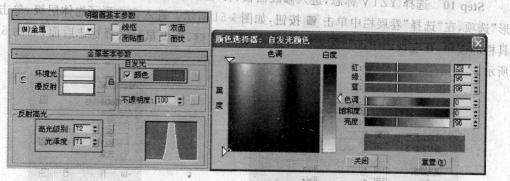

图　5-46

射颜色"对话框中设置其参数,单击"关闭"按钮关闭对话框。在"金属基本参数"卷展栏中将"高光级别"设置为69,"光泽度"设置为71,如图5-47所示。

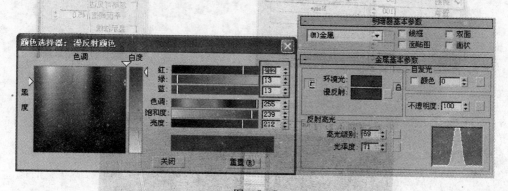

图　5-47

Step 7　单击"贴图"卷展栏中"折射"复选框右侧 None 按钮,在打开的"材质/贴图浏览器"对话框中双击"位图"选项,在弹出的对话框中选择 Chromic. jpg 文件,如图5-48所示。

Step 8　在"坐标"卷展栏中设置"环境贴图"为"收缩包裹环境"选项,如图5-49所示。

Step 9　单击 按钮返回上一级,设置"折射"贴图通道的值为30,以降低折射强度,如图5-50所示。

图　5-48

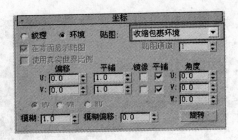

图　5-49

Step 10　选择 YZTV 标志,进入修改面板,在"修改器列表"下拉表框中选择"编辑多边形"选项,在"选择"卷展栏中单击 ▉ 按钮,如图 5-51 所示。进入多边形子物体层级,单击工具栏的按钮,在左视图中选择标志的前面,按住 Ctrl 键,拖曳鼠标选择标志后面,如图 5-52所示。

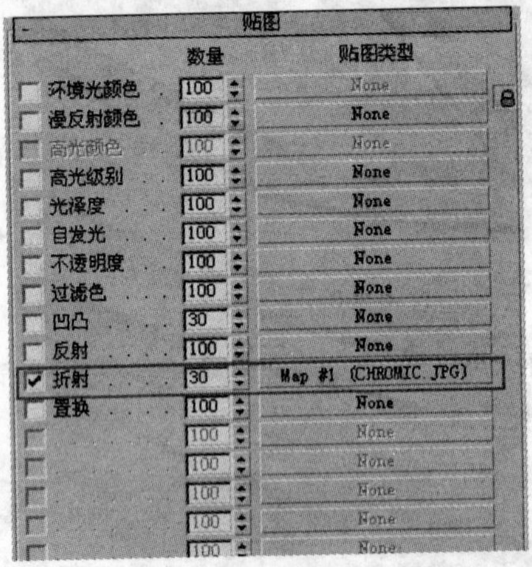

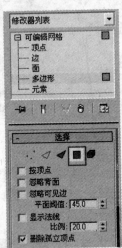

图　5-50

图　5-51

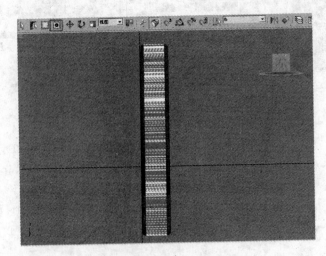

图　5-52

Step 11 在"多边形属性"卷展栏中设置 ID 为 2,如图 5-53 所示。

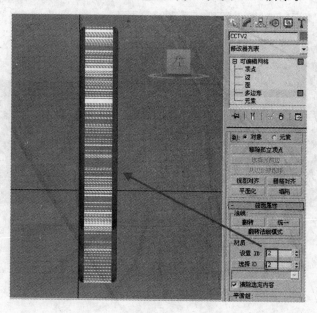

图　5-53

Step 12 选择"编辑"→"反选"命令,反选标志中间部分,如图 5-54 所示。设置 ID 为 1,再次单击 ◼ 按钮,退出多边形编辑状态。

Step 13 单击材质编辑器中的 按钮,将此材质赋予所选择的物体,激活透视图,按 Shift+Q 组合键进行快速渲染,渲染效果如图 5-55 所示。

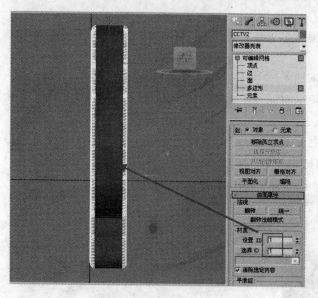

图　5-54

图　5-55

Step 14 要有好的质感,只编辑材质还不够,还需要灯光的配合,在顶视图创建 4 盏泛光灯,如图 5-56 所示。

Step 15 激活透视图,按 Shift+Q 组合键进行快速渲染,渲染效果如图 5-57 所示。

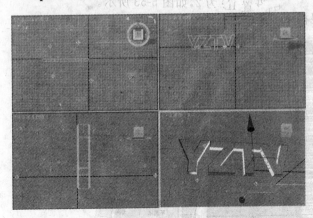

图 5-56

图 5-57

习题 5

1. 简答题

(1) 如何从材质库中获取材质?如何从场景中获取材质?

(2) 如何设置线框材质?

(3) 如何将材质指定给场景中的几何体?

(4) 如何使用自定义的对象作为样本视窗中样本的类型?

(5) 材质编辑器的灯光对场景中的几何对象有什么影响?如何改变材质编辑器中的灯光设置?

(6) 在材质编辑器中同时可以编辑多少种材质?

(7) 如何建立自己的材质库?

(8) 不同明暗模型的用法有何不同?

(9) 材质编辑器中的贴图重复设置对场景中的贴图效果有何影响?

2. 上机操作

(1)编辑如图 5-58 所示的金属材质效果。

(2) 编辑如图 5-59 所示的玻璃材质效果。

图 5-58

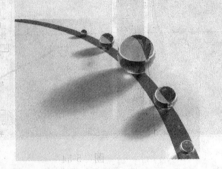

图 5-59

第6章

灯光

对于 3D 图形的现状而言,"接近真实照片"是一种常见选择。要达到这种真实效果通过模型的精确、细腻是远远不够的。考虑动作冒险影片的照片和人站在街上的普通照片之间的视觉差异,两张照片看起来都具有真实性,但动作片已经经过小心剪辑,形成了一种强化、聚焦的现实。缩短的焦距、光线和摄像机角度产生了比现实更真实的效果,这种真实对于能否产生心跳、手心出汗的效果至关重要。对于一帧静态的图片或连续的动画来说,要体现它的真实感与艺术性就必须通过精心地灯光效果处理与相机角度选择。可以说,灯光与相机决定了作品的品位,其效果如图 6-1 所示。

图 6-1

6.1 3ds Max 场景照明概述

要深入了解 3ds Max 的照明技术,就必须先了解 3ds Max 中灯光的工作原理。在 3ds Max 中,为了提高渲染速度,灯光是不带有辐射性质的。因为,带有光能传递的灯光计算速度很慢,没感受过的朋友想一想光线追踪材质的运算速度就会明白。也就是说,3ds Max 中的灯光工作原理与自然界的灯光是有所不同的。如果要模拟自然界的光反射(如水面反光效果)、漫反射、辐射、光能传递、透光效果等特殊属性,就必须运用多种手段(不仅仅运用灯光手段,还可能是材质如光线追踪材质等)进行模拟。KINITEX 公司来使用类似

LIGHTSCAPE 软件模拟类似自然的照明系统,原因并不在于 KINITEX 公司没有掌握这门技术,而是 3ds Max 主要任务是面向动画制作的。大家都知道,LIGHTSCAPE 中的灯光运算速度很慢,往往渲染一张图片需要很长时间(因为这个软件定位于照片级静态图渲染制作)。在动画制作中,一秒钟的动画就需要渲染 20 多张图片(NTSC 式的为 30 帧/秒,PAL式的为 25 帧/秒,电影为 24 帧/秒,如果要保持流畅的动感则至少需要 15 帧/ 秒),一分钟就要渲染 1000 多张图片。好在 3ds Max 有很多第三方开发的外挂插件,在灯光方面比较优秀的插件有 RADIOSITY、MENTAL RAY(大型"灯光效果 + 特殊明暗器 + 高质量渲染"插件)等可供用户选择,只是运算速度上有点差强人意。当然,如果只渲染一张静态图片而不是做动画(如建筑效果图等),为了取得更好的效果与更方便的照明设置,等待一个小时也是可以的。3ds Max 中的灯光最大优势在于运算速度,照明质量其实是不错的。只要设置得当,同样可以产生真实、令人信服的照明效果,如图 6-2 所示。

图　6-2

在 3ds Max 中,并不是所有的发光效果都是由灯光完成的。对于光源来说也可能是经由材质、视频后处理特效甚至是大气环境来模拟。萤火虫尾部的发光效果,用自发光材质来模拟恐怕是最为恰当的,导弹发射时尾部的火焰效果用大气环境中的燃烧装置来做效果也是不错的,而要模拟夜晚的霓虹灯特效,利用视频后处理中的发光(GLOW)特技来做则是个好主意。不过灯光作为在 3ds Max 三维场景中穿梭的使者,是 3ds Max 表现照明效果的最为重要手段。灯光作为 3ds Max 中一种特殊的对象,模拟的往往不是自然光源或人造光源的本身,而是它们的光照效果。在渲染时,3ds Max 中的灯光作为一种特殊的物体本身是不可见的,可见的是光照效果。如果场景内没有一盏灯光(包括隐含的灯光),那么所有的物体都是不可见的。不过 3ds Max 场景中存在着两盏默认的灯光,虽然一般情况下在场景中是不可见的,但是仍然担负着照亮场景的作用。一旦场景中建立了新的光源,默认的灯光将自动关闭。如果这时候场景中的灯光位置、亮度等不太理想,还赶不上默认灯光的效果。如果场景内所有灯光都被删除,默认的灯光又会被自动打开。默认灯光有一盏位于场景的左上方,另外一盏则位于场景的右下方,如图 6-3 所示。

在 3ds Max 中有 5 种基本类型的灯光,分别是泛光灯、目标聚光灯、自由聚光灯、目标平行光、自由平行光。另外,在创建面板中的系统下,还有日光照明系统,其实是平行光的变种,一般在做室外建筑效果图时模拟日光。还有一种"环境光"(在"渲染/环境设置"对话框中可以设置)。环境光没有方向也没有光源,一般用来模拟光线的漫反射现象。环境光不宜亮度过大,否则会冲淡场景,造成对比度上不去而使场景黯然失色。有经验的人一般先把环境灯光亮度值设为 0,在设置其他灯光之后再做精细调整,往往能取得较好的照明效果。

图 6-3

3ds Max 中的灯光默认情况下并不进行投影,但是可以根据需要设定成投影或不投影。阴影的质量、强度甚至颜色都是可调整的。如果要正确表示透明或半透明物体的阴影,请使用光线追踪阴影方式。在不投影的情况下,3ds Max 中的灯光是具有穿透性的,楼房 5 层的灯光尽管有楼板阻隔去也可以照亮一层的地板。非常有趣的是,如果把灯光的"倍增器"的值设置成负数,还可以产生吸光或负光的效果,可以产生某种颜色的补色效果(对与白色来说则是黑色)。在室内建筑效果图内通常来模拟光线分布不均匀的现象,或人为地把亮度大的物体表面"照黑"。如果动态变化灯光的亮度与倍增器的值,甚至还可以模拟闪电瞬间照明效果。3ds Max 中灯光还有一个重要的功能是能够通过"排除"功能来指定灯光对哪些物体或不对那些物体施加影响(照明与投影两个方面),从而优化渲染速度或创造特殊效果,学习者千万不可忽视。

请记住 3ds Max 中灯光与物体距离越近,照亮的范围就越大,反之亦然。对于一个物体来说,某一灯光与它表面所呈夹角(其实是入射角)越小,它的表面显得越暗;夹角越大则表面越亮。这跟太阳光与地面的关系很近似。如果一个灯光与一个平面(如地面)距离很远且与这个平面呈直角照射时,则照明效果是很均匀的。而如果同样的光光放得太近,则由于接触表面的光线角度会有很大的变化,会产生一个"光池"(聚光区)。如果要使一盏灯光照亮尽量多的物体,请把物体与灯光的距离拉大。而要使灯光把物体表面照得亮堂堂的,则还应该把灯光与物体表面的夹角调整得大些。有好多读者在创建灯光的时候遇到了麻烦。一旦建立了自己的灯光,发现场景中的物体全部暗淡下来。这是灯光与物体的距离、夹角没有设置好的原因。读者不知道其中的奥妙,看到一盏灯还不够亮,再建一盏看看。结果一个简单的场景建立了 10 多盏灯以后场景中的照明更是显得非常奇怪。其实 3ds Max 场景照明理论与现实中摄影照明的理论非常相似。对于较小的区域来说,可以采用所谓的"三点照明"(主光 + 背光 + 辅光)的方式来解决照明问题。对与大的场面如礼堂内部效果图则可以把大的场景拆分成一个个较小的区域再利用"三点照明"的方法来解决照明问题。当然,针对不同情况进行灵活机动地处理有时能产生戏剧性的效果。另外要记住,尽量不要试图在透明图或摄像机中来创建灯光或移动灯光。

在 3ds Max 中,灯光都具有衰减的属性,不过默认的情况下灯光是没有衰减的。为了更好地模拟现实(现实世界中的光线都是具有衰减性质的,即距离越远,亮度越小直到最终消失),通常需要手工打开灯光的衰减性质。一方面可以指定灯光的影响范围;另一方面,创造的灯光效果非常具有现实感。对于泛光灯,衰减影响的只是照明的距离;对与聚光灯或平行光来说,不仅可以指定灯光能照多远,还能指定光圈边缘的衰减效果。

默认的灯光是不带有任何颜色的。通过改变灯光的颜色,可以模拟出各种照明效果。例如要模拟彩灯或模拟日出时的阳光,则要调整灯光的颜色。另外,灯光配合环境特效可以产生特殊的效果。例如,配合环境中的体积光可以模拟舞台追光灯的效果,而泛光灯配合特效中的发光效果可以模拟普照大地的太阳。配合环境雾效甚至还可以做出灯光穿过大雾的投影特效。

6.2 灯光的分类

在三维场景中灯光的作用不仅仅是将物体照亮,而是要通过灯光效果向观众传达更多的信息,也就是通过灯光来决定这一场景的基调或是感觉,烘托场景气氛。要达到场景最终的真实效果,需要建立许多不同的灯光实现,因为在现实世界中光源是多方面的,如阳光、烛光、荧光灯等,在这些不同光源的影响下所观察到的事物效果也会不同。

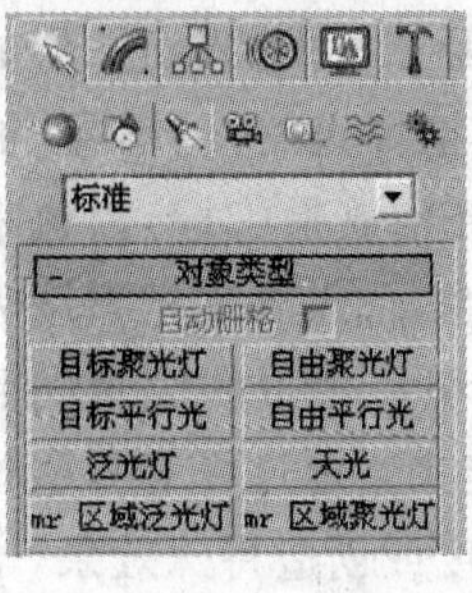

3ds Max 中灯光分 8 种:目标聚光灯、目标平行光、自由聚光灯、自由平行光、泛光灯、天光、泛光灯、mr 区域泛光灯、mr 区域聚光灯。这 8 种灯光可通过创建命令面板中灯光项目栏中创建,如图 6-4 所示。

图 6-4

6.3 灯光的颜色

当白色光通过三棱镜时被折射成七色光,七色光是白光光谱中可见光部分,分别为红、橙、黄、绿、蓝、靛、紫,简写为 ROYGBIV,这些颜色中,红、绿、蓝是原色,故光的颜色模型为RGB 模型。

计算机屏幕产生颜色的机理也可认为是 RGB 模型,在大多数绘图程序中(包括 3ds Studio Max)都提供了 RGB 颜色选择模式。应当注意的是,光的颜色具有相加性,而颜料颜色具有相减性。所谓相加性是指混合的颜色越多,颜色越淡,而相减性则相反。

在 3ds Max 的世界中所见到的场景取决于照明的方式,呈现的场景完全由发光对象的颜色和位置决定。事实上,要创建一种氛围,很少只使用白光照明的。若使用颜色成分少造灯光会使场景毫无生气。在剧场里,一般使用纯红、绿、蓝、黄、绛红及蓝绿等的多种组合,使某些区域以及许多光柱看起来色彩绚丽斑斓。高饱和度的灯光用起来要十分小心,因为用它来照明常会歪曲事实,例如在煤油灯黄光照明下就分不清土黄和柠檬黄。图 6-5 所示为将场景的灯由白色调整到蓝色效果图对比图。

(a) (b)

图 6-5

6.4 灯光排除功能

3ds Max 中的灯光都是用来模拟真实世界中灯光的模式。例如,目标聚光是手电筒或探照灯模型,泛光灯模拟烛光或太空中的太阳光;自由平行光模拟自然界直射平行太阳光。这些灯都能打开或关闭,改变它们的大小、形状和位置,改变颜色,打开或关闭影子,设置影子边缘的柔度,设置哪些物体被所有的光照明,甚至在某些范围里使用特别暗的光"吸取"多余的光。

排除功能是 3ds Max 灯光的第一个特性,可设定场景中哪些物体受此灯光的影响,哪些不受影响。在一个复杂场景中,有些人为追求效果架设几十盏灯光,造成某些物体受光过度甚至丢失阴影。将场景中的物体排除在一些灯光影响之外可以保持原效果。如图 6-6 所示排除地面长方体不受光照射。

图 6-6

倍增器类似于灯的调光器。值小于 1 减小光的亮度,大于 1 增加光的亮度。当值为负时,光实际从场景中减去亮度。"负光"通常用来模拟局部暗的效果,一般仅放在内部的角落,使其变暗,以在场景中产生用一般的光很难获得的效果。

6.5　灯光的打法及影响

　　在 3ds Max 中，默认的照明是－X，－Y，＋Z 与＋X，＋Y，－Z 处的两盏灯，一旦在场景中建立了灯光，这两盏灯自动关闭。摄影上有几种照明类型，可以为 3ds Max 所用。

　　三角形照明是最基本的照明方式，使用三个光源：主光最亮，用来照亮大部分场景，常投射阴影；背光用于将对象从背景中分离出来，并展现场景的深度，常位于对象的后上方，且强度等于或小于主光；辅光常在摄影机的左侧，用来照亮主光没有照到的黑区域，控制场景中最亮的区域与最暗区域的对比度。亮的辅光产生平均的照明效果，而暗的辅光增加对比度。

　　一个大的场景不能使用三角形照明时，可采用区段照明法照明各个小的区段，区段选择后就可使用基本的三角形照明法。

　　对于具有强烈反射的金属感材质，有时需要用包围法将灯光打在周围以展现它的质感，这是比较少用的方法。

　　光的性质对场景产生强烈影响。刺目的直射光来自点状光源，形成强烈反差，并且根据它照射的方向可以增加或减低质地感和深度感。柔和的光产生模糊昏暗的光源，有助于减少反差。光的方向也影响场景中形的组成。柔和的光没有特定的方向，似乎轻柔地来自各个方向，刺目的直射光有三个基本方向：正面光、侧光和逆光。

　　正面光能产生引人注目的效果，当形成强烈的反差时更是如此。然而，这种光会丢失阴影，使场景缺乏透视感。

　　侧光能产生横贯画面的阴影，容易显示物体的质感。

　　逆光常常产生强烈的明显的反差，清晰地显示物体的轮廓。

　　昏暗、偏冷、低发差的灯光适用于悲哀、低沉或神秘莫测的效果。换成高发差的灯光可用于酒吧、赌场这样的场面，在这里可以强调主要对象或角色，而将其他的虚化。

　　明艳、暖色调、阴影清晰的灯光效果适于表现兴奋的场面，而换成偏冷色调则是种恬静的气氛，如图 6-7 所示。

(a)

(b)

图　6-7

6.6 3ds Max 布光原则

灯光的设置过程简称为"布光"。虽然说一个复杂的场景由 100 名灯光师分别来布光会有 100 种不同的方案与效果，但是布光的几个原则是大家都会遵守的。对于室内效果图与室内摄影，有个著名而经典的布光理论就是"三点照明"。

三点照明，又称为区域照明，一般用于较小范围的场景照明。如果场景很大，可以把它拆分成若干个较小的区域进行布光。一般有三盏灯即可，分别为主体光、辅助光与背景光。

1. 主体光

通常用主体光来照亮场景中的主要对象与其周围区域，并且担任给主体对象投影的功能。主要的明暗关系由主体光决定，包括投影的方向。主体光的任务根据需要也可以用几盏灯光来共同完成。如主光灯在 15°～30°的位置上，称顺光；在 45°～90°的位置上，称为侧光；在 90°～120°的位置上成为侧逆光。主体光常用聚光灯完成。

2. 辅助光

辅助光又称为补光。用一个聚光灯照射扇形反射面，以形成一种均匀的、非直射性的柔和光源，用来填充阴影区以及被主体光遗漏的场景区域、调和明暗区域之间的反差，同时能形成景深与层次，而且这种广泛均匀布光的特性使它为场景打一层底色，定义了场景的基调。由于要达到柔和照明的效果，通常辅助光的亮度只有主体光的 50%～80%。

3. 背景光

背景光的作用是增加背景的亮度，从而衬托主体，并使主体对象与背景相分离。一般使用泛光灯，亮度宜暗不可太亮。

布光的顺序是：先定主体光的位置与强度；决定辅助光的强度与角度；分配背景光与装饰光。这样产生的布光效果应该能达到主次分明，互相补充，如图 6-8 所示。

图 6-8

6.7　在 3ds Max 布光注意的问题

注意的问题如下：

（1）灯光宜精不宜多。

过多的灯光使工作过程变得杂乱无章，难以处理，显示与渲染速度也会受到严重影响。只有必要的灯光才能保留。另外要注意灯光投影与阴影贴图及材质贴图的用处，能用贴图替代灯光的地方最好用贴图去做。例如，要表现晚上从室外观看到的窗户内灯火通明的效果，用自发光贴图去做会方便得多，效果也很好，而不要用灯光去模拟。切忌随手布光，否则成功率将非常低。对于可有可无的灯光，要坚决不予保留，如图 6-9 所示。

图　6-9

（2）灯光要体现场景的明暗分布，要有层次性，切不可把所有灯光一概处理。根据需要选用不同种类的灯光，如选用聚光灯还是泛光灯；根据需要决定灯光是否投影，以及阴影的浓度；根据需要决定灯光的亮度与对比度。如果要达到更真实的效果，一定要在灯光衰减方面下一番工夫。可以利用暂时关闭某些灯光的方法排除干扰对其他的灯光进行更好地设置。

（3）3ds Max 中的灯光是可以超现实的。

要学会利用灯光的"排除"与"包括"功能，使灯光对某个物体起到照明或投影作用。例如，要模拟烛光的照明与投影效果，通常在蜡烛灯芯位置放置一盏泛光灯。如果这盏灯不对蜡烛主体进行投影排除，那么蜡烛主体产生在桌面上的很大一片阴影。在建筑效果图中，会通过"排除"的方法使灯光不对某些物体产生照明或投影效果。

（4）布光时应该遵循由主题到局部、由简到繁的过程。

对于灯光效果的形成，应该先调角度定下主格调，再调节灯光的衰减等特性来增强现实感。最后再调整灯光的颜色做细致修改。如果要模拟自然光的效果，还必须对自然光源有足够深刻的理解。多看些摄影用光的书，多做实验会很有帮助的。不同场合下的布光用灯也是不一样的。在室内效果图的制作中，为了表现出一种金碧辉煌的效果，往往会把一些主灯光的颜色设置为淡淡的橘黄色,可以达到材质不容易做到的效果,如图6-10所示。

图 6-10

6.8 经典案例

6.8.1 阴影设置

本案例利用泛光灯对"阴影贴图"、"光线跟踪阴影"和"区域阴影"等主要阴影类型进行设置。

Step 1 选择"文件"→"打开"命令,打开"太阳光照明.max"素材文件,如图6-11所示。

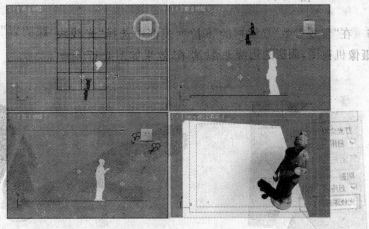

图 6-11

Step 2 选择视图中的Omni01对象,打开"修改"面板,在"常规参数"展卷栏中选中"阴影"选项区中的"启用"复选框,使灯光照射的物体能产生阴影,选择"阴影贴图"选项,如图6-12所示。

Step 3 在"阴影贴图参数"卷展栏中,将"采样范围"的参数设置为2,如图6-13所示。渲染摄像机视图,效果如图6-14所示。

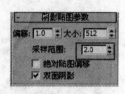

图 6-12　　　　　　　　　　　　　　图 6-13

Step 4　在"阴影贴图参数"卷展栏中,将"采样范围"的参数设置为10,渲染摄像机视图,阴影的边缘相对柔和,效果如图6-15所示。

图　6-14　　　　　　　　　　　　　　图　6-15

Step 5　在"常规参数"卷展栏的下拉列表框中选择"光线跟踪阴影"类型,如图6-16所示。渲染摄像机视图,阴影的边缘非常清晰,效果如图6-17所示。

图　6-16　　　　　　　　　　　　　　图　6-17

Step 6　在"阴影参数"卷展栏中将"密度"参数设置为0.4,如图6-18所示。渲染摄像机视图,阴影变淡,效果如图6-19所示。

Step 7　在"常规参数"卷展栏的下拉列表框中选择"区域阴影"类型,如图6-20所示。在"阴影参数"卷展栏中将"密度"参数设置为0.85,在"区域阴影"卷展栏中将"基本选项"设置为"长方形灯光"基本选项,将"长度"和"宽度"参数设置为10,如图6-21所示。渲染摄像机视图,效果如图6-22所示。

图 6-18

图 6-19

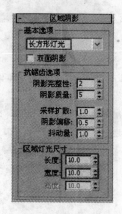

图 6-20

图 6-21

Step 8 在"区域阴影"卷展栏中将"基本选项"设置为"长方形灯光"基本选项,将"长度"和"宽度"参数设置为5,渲染摄像机视图,效果如图6-23所示。

图 6-22

图 6-23

提示:"区域阴影"是模拟窗户或天光发射区域投射的阴影,阴影具有弥散效果。

6.8.2 太阳光照

本案例使用日光系统模拟太阳光的照射效果,通过本案例介绍学习日光系统的使用方法。

Step 1 选择"文件"→"打开"命令,打开"太阳光照明.max"素材文件,如图6-24所示。

Step 2 选择"创建"→"灯光"→"日光系统"命令,弹出"创建日光系统"对话框提示更

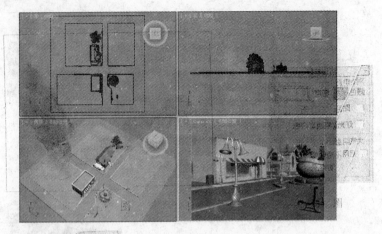

图　6-24

改曝光设置,单击 是 按钮确认更改,如图 6-25 所示。

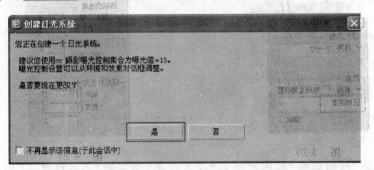

图 6-25

Step 3　在场景模型的正中按下左键放置指南针,拖动鼠标确定指南针的大小,创建日
光系统,如图 6-26 所示。

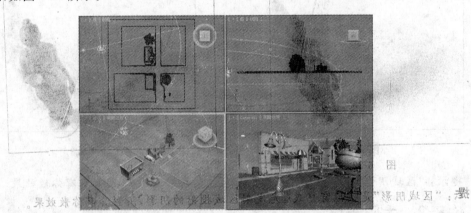

图　6-26

Step 4　按 C 键切换到摄像机视图,选择"修改"面板,在"日光参数"卷展栏中单击"位
置"选项组中的 设置... 按钮转到"运动"面板,对日光的时间进行设置,如图 6-27 所示。

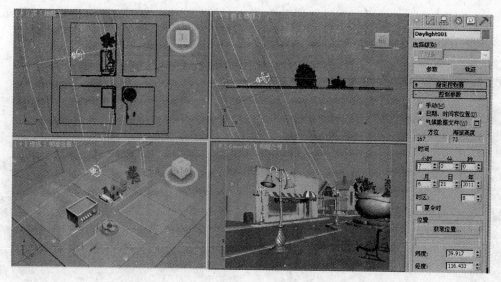

图 6-27

Step 5 按 F10 键打开"渲染设置"对话框,选择"间接照明"选项卡,选中"启动最终聚集"复选框,调整"最终聚集精度预设"滑块至"低",最后单击在"最终聚焦"卷展栏中 渲染 按钮渲染视图,如图 6-28 所示。渲染得到早晨阳光照射的效果,如图 6-29 所示。

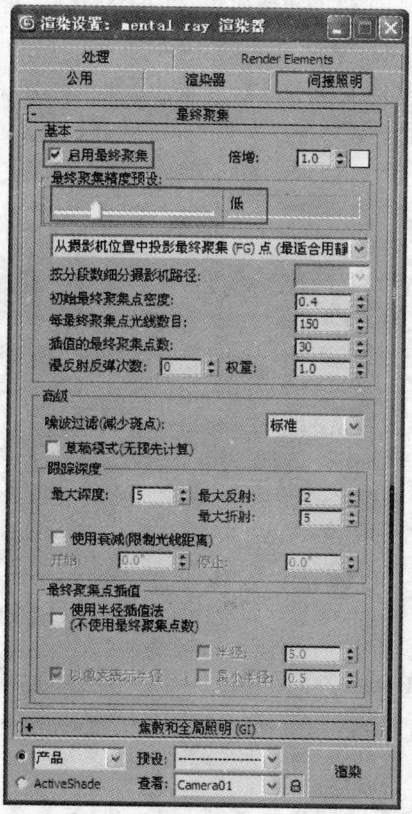

图 6-28

图 6-29

Step 6 在"运动"卷展栏中设置日光系统的时间为"12时",渲染视图,得到中午阳光照射效果,如图 6-30 所示。

Step 7 在"运动"卷展栏中设置日光系统的时间为"18时",渲染视图,得到傍晚阳光照射效果,如图 6-31 所示。

图 6-30 图 6-31

6.8.3 天光

本案例通过为一组静物来设置一个天光效果来学习"天光"的使用,以及参数的设置。

Step 1 选择"文件"→"打开"命令,打开"天光.max"素材文件,如图 6-32 所示。

Step 2 按 Shift＋Q 组合键,快速渲染,效果图没有光泽,不太真实,效果如图 6-33 所示。

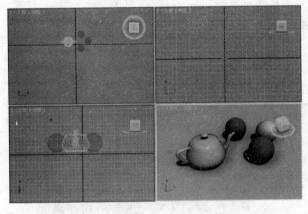 

图 6-32 图 6-33

Step 3 单击"创建"面板中的"灯光"按钮 ,在其下方的下拉列表框中选择"标准"选项,在"对象类型"卷展栏中单击 天光 按钮,在顶视图中创建一盏天光,如图 6-34 所示。

提示:当创建"天光"时,位置及形态对后面的渲染不会造成任何影响。它与其他的灯光不同,使用天光必须配合"光能跟踪"才能有效果。

Step 4 在"天光参数"卷展栏中设置"倍增"值为 0.8,如图 6-35 所示。然后按 F10 键打开"渲染设置"窗口,选择"高级照明"选项卡,选择下拉列表框中的"光跟踪器"选项,参数使用默认值,如图 6-36 所示。

图 6-34

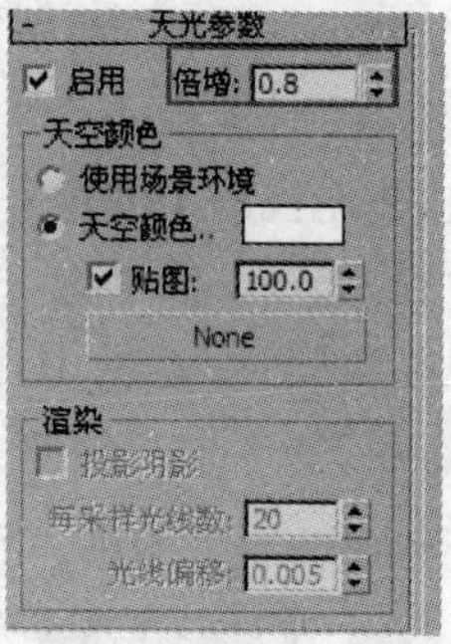

图 6-35

Step 5 按 Shift+Q 组合键,快速渲染,效果如图 6-37 所示。

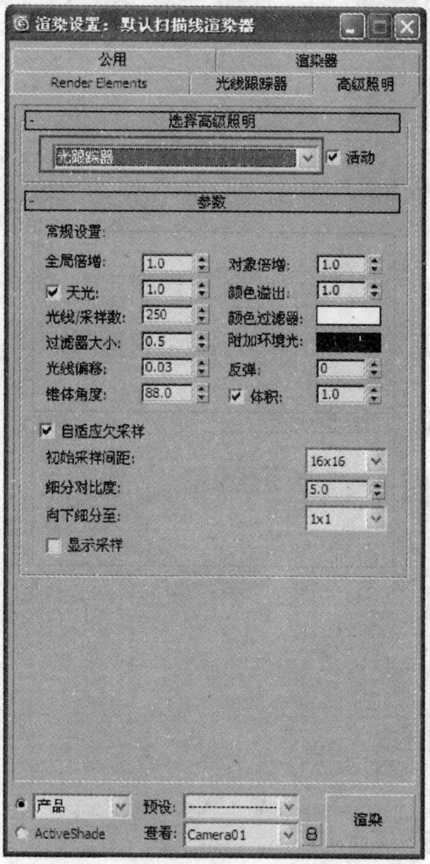

图 6-36

图 6-37

6.8.4 体积光

本案例通过设置游戏场景的光晕效果来介绍"体积光"的创建方法以及相应的参数设置。

Step 1 选择"文件"→"打开"命令,打开 "游戏场景.max"素材文件,如图6-38所示。

Step 2 单击"创建"面板中的"灯光"按钮 ，在"对象类型"卷展栏单击 目标平行光 按钮,在左视图中创建一盏目标聚光灯,并调整其位置,如图6-39所示;打开"修改"面板,在"常规参数"卷展卷栏中,选中"阴影"选项区中的"启用"复选框。使灯光照射的物体能产生阴影,选择"阴影贴图"选项,如图6-40所示。

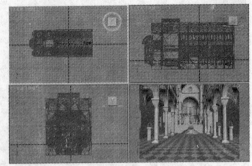

图 6-38

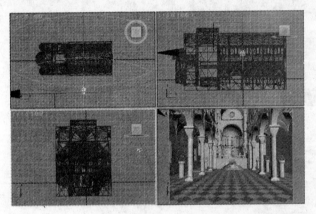

图 6-39

图 6-40

Step 3 在"平行光参数"卷展栏中设置"聚光区/光束"参数为7860,设置"衰减区/区域"参数为9306,如图6-41所示。

Step 4 按 Shift+Q 组合键,快速渲染摄像机视图,效果如图6-42所示。

图 6-41

图 6-42

Step 5 光线太暗,添加天光,单击"创建"面板中的"灯光"按钮 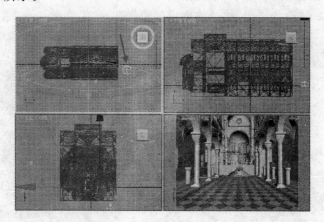,在其下方的下拉列表框中选择"标准"选项,在"对象类型"卷展栏中单击 天光 按钮,在顶视图中创建一盏天光,如图 6-43 所示。

图 6-43

Step 6 按 F10 键打开"渲染设置"窗口,选择"高级照明"选项卡,单击下拉列表框选择"光跟踪器"选项,参数使用默认值,如图 6-44 所示。

Step 7 按 Shift+Q 组合键,快速渲染摄像机视图,效果如图 6-45 所示。

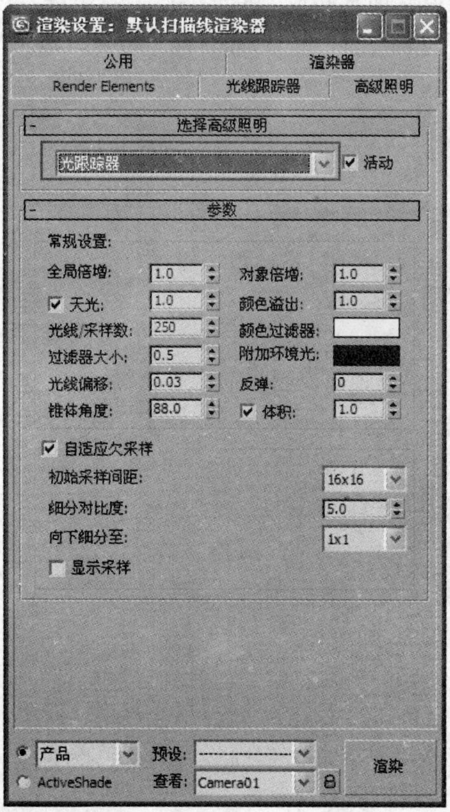

图 6-44

图 6-45

Step 8 选择 Direct001，创建的"目标平行光"，打开"修改"面板，在"大气和效果"卷展栏中单击 按钮，在弹出的"添加大气和效果"窗口中选择"体积光"选项，如图 6-46 所示。单击"确定"按钮，添加"体积光"效果。

Step 9 按 Shift＋Q 组合键，快速渲染摄像机视图，效果如图 6-47 所示。

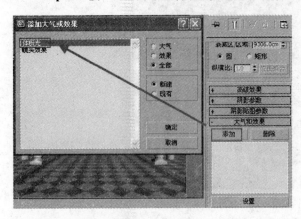

图 6-46 图 6-47

6.8.5 聚光灯光照

本案例通过为模型添加聚光灯照射效果来介绍"目标聚光灯"和"泛光灯"的创建方法，以及相应参数的设置和修改。

Step 1 选择"文件"→"打开"命令，打开"聚光灯.max"素材文件，如图 6-48 所示。

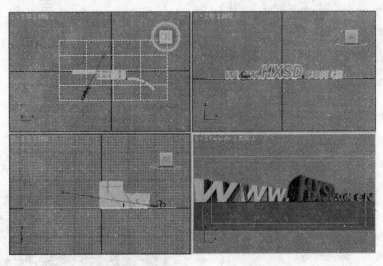

图 6-48

Step 2 单击"创建"面板中的"灯光"按钮 ，在其下方的下拉列表框中选择"标准"选项，在"对象类型"卷展栏中单击 天光 按钮，在顶视图中创建一盏天光，如图 6-49 所示。

Step 3 在"天光参数"卷展栏中设置"倍增"值为 0.6，如图 6-50 所示。然后，按 F10 键打开"渲染设置"对话框,选择"高级照明"选项卡,单击下拉列表框选择"光跟踪器"选项,参数使用默认值,如图 6-51 所示。

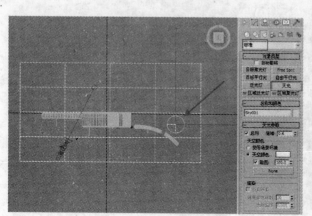

图 6-49

图 6-50

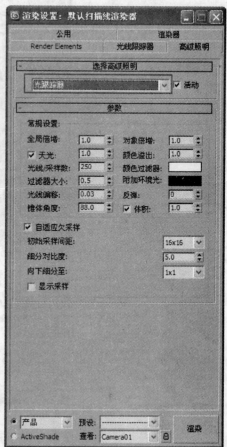

图 6-51

Step 4 渲染摄像机视图效果如图 6-52 所示。

图 6-52

Step 5 观察渲染视图,发现文字的转角部分,颜色较暗,按 F10 键打开"渲染设置"对话框,选择"高级照明"选项卡,在"参数"卷展栏中设置"反弹"值为 3,如图 6-53 所示。渲染摄像机视图效果如图 6-54 所示。

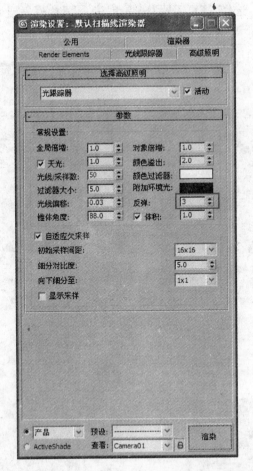

图　6-53

图　6-54

Step 6　选择"渲染"→"环境"命令,在弹出的"环境和效果"对话框中,单击 无 按钮,打开"材质/贴图浏览器"对话框,在"渐变"选项卡中单击"确定"按钮,如图 6-55 所示。

Step 7　将"环境贴图"按钮拖曳到"材质编辑器"窗口中的一个新材质球上,在弹出的"实例(副本)贴图"对话框中选中"实例"单选按钮,如图 6-56 所示。单击"确定"按钮关闭对话框。

Step 8　在"渐变参数"卷展栏中设置"颜色♯1"颜色为淡蓝色;"颜色♯2"颜色为浅灰色;"颜色♯3"颜色为白色,如图 6-57 所示。渲染摄像机视图效果如图 6-58 所示。

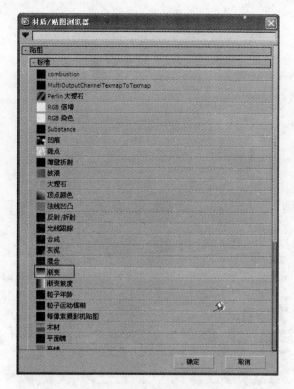

图 6-55

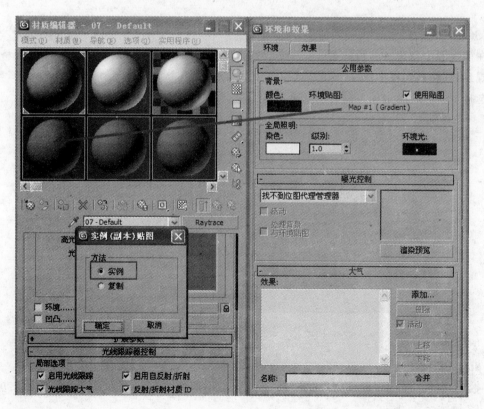

图 6-56

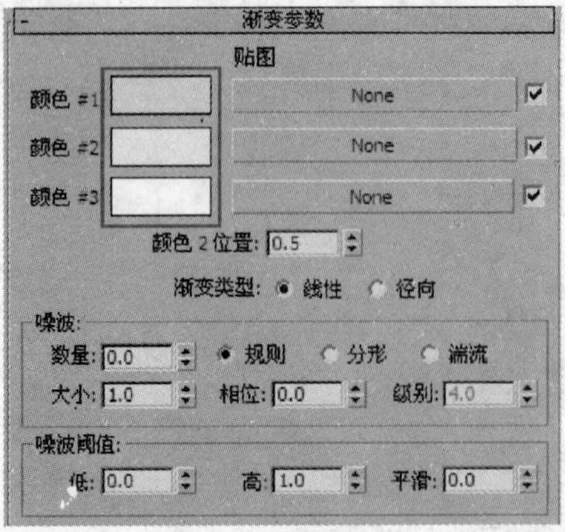

渐变参数

贴图

颜色 #1 [   ] [None   ] ☑

颜色 #2 [   ] [None   ] ☑

颜色 #3 [   ] [None   ] ☑

颜色 2 位置: [0.5 ↕]

渐变类型: ◉ 线性   ○ 径向

噪波

数量: [0.0 ↕]   ◉ 规则   ○ 分形   ○ 湍流

大小: [1.0 ↕]   相位: [0.0 ↕]   级别: [4.0 ↕]

噪波阈值

低: [0.0 ↕]   高: [1.0 ↕]   平滑: [0.0 ↕]

图　6-57

图　6-58

Step 9　单击"创建"面板中的"灯光"按钮，在"对象类型"卷展栏单击 目标平行光 按钮，在前视图中创建一盏目标聚光灯，并调整其位置，如图 6-59 所示；打开"修改"面板，在"常规参数"卷展卷栏中选中"阴影"选项区中的"启用"复选框，使灯光照射的物体能产生阴影，选择"光线跟踪"选项，如图 6-60 所示。

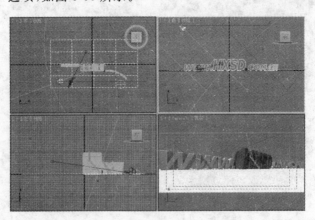

图　6-59

Step 10　在"强度/颜色/衰减"卷展栏中设置"倍增"值为 0.7，如图 6-61 所示；在"平行光参数"卷展栏中设置"聚光区/光束"参数为 10288，设置"衰减区/区域"参数为 10290，如图 6-62 所示。

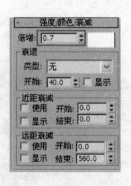

图 6-60   图 6-61   图 6-62

Step 11 在工具栏单击 ▢ 按钮渲染摄像机视图,得到最终效果如图 6-63 所示。

图 6-63

6.8.6 全局光

本案例介绍渲染中的全局照明设置,从而模拟真实世界中灯光的漫反射照明效果。

Step 1 选择"文件"→"打开"命令,打开"全局照明.max"素材文件,如图 6-64 所示。

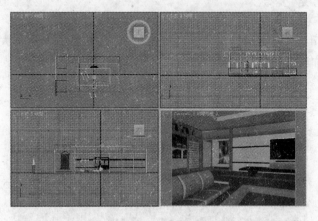

图 6-64

Step 2 按 Shift+Q 组合键,快速渲染摄像机视图,效果如图 6-65 所示。

Step 3 按 F10 键打开"渲染设置"对话框,选择"间接照明"选项卡,在"焦散和全局照明(GI)"卷展栏中的"全局照明(GI)"选项组中选中"启动"复选项,设置相关参数如图 6-66 所示。

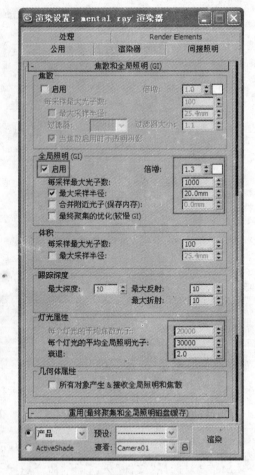

图 6-65   图 6-66

Step 4 按 Shift＋Q 组合键，快速渲染摄像机视图，场景中出现了大量的光斑，以表示光子传递的效果，如图 6-67 所示。

图 6-67

提示：减少大量的光斑和黑斑有两种方法：一种方法是增加全局光子数量，这种方法会增加光子贴图的计算时间；另一种方法是增加光子的半径，这种方法不会增加光子的贴图的计算时间，但是会丢失细节。

Step 5 在"渲染设置"窗口的"最终聚集"卷展栏中选中"启动最终聚集"复选项，设置"漫反射反弹次数"为 2，如图 6-68 所示。在"焦聚和全局照明（GI）"卷展栏的"灯光属性"选项组中设置"每个灯光的平均全局照明光子"参数为 100000，如图 6-69 所示。

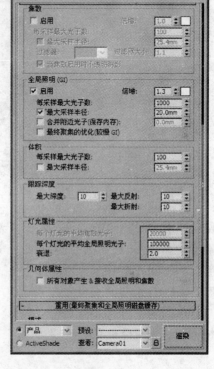

图 6-68　　　　　　　　　　　　图 6-69

Step 6 按 Shift＋Q 组合键，快速渲染摄像机视图，效果如图 6-70 所示。

图 6-70

6.8.7　光域网

"光域网"是一种以三维形态来表现光源发散的分布形式,通过使用不同的光域网文件,能创建出不同亮度分布和不同形状的光源效果,本案例通过使用光域网文件,制作筒灯发光效果。

Step 1　选择"文件"→"打开"命令,打开"光域网.max"素材文件,单击"创建"面板中的"灯光"按钮 ,在 标准 下拉列表中选择"光学度"选项,单击 自由灯光 按钮,如图 6-71 所示。在顶视图中创建一盏自由点光源,并用移动工具调整其位置,如图 6-72 所示。

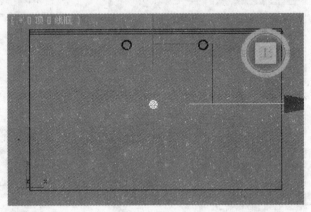

图　6-71　　　　　　　　　　　　　　　　图　6-72

Step 2　打开"修改"面板,在"常规参数"卷展栏中选中"阴影"选项区中的"启用"复选框,阴影方式选择"阴影贴图"选项(如图 6-73 所示),在"强度/颜色/衰减"卷展栏中设置"强度"值为4000lm,如图 6-74 所示。

提示:lm(流明)是光通量单位,测量灯光发散的全部光能,100W 普通白炽灯的光通量约为 1750lm。

Step 3　渲染摄像机视图,效果如图 6-75 所示。

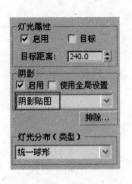　　　　

图　6-73　　　　　　　图　6-74　　　　　　　图　6-75

Step 4　单击"创建"面板中的"灯光"按钮 ,在 标准 下拉列表中选择"光学度"选项,单击 目标灯光 按钮,在前视图中创建一盏目标点光源,如图 6-76 所示。用移动工具在顶视调整其位置,如图 6-77 所示。

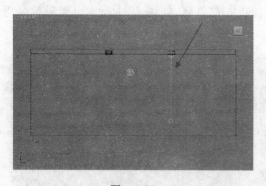 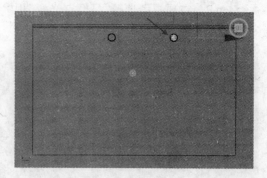

图 6-76   图 6-77

Step 5 打开"修改"面板,设置"灯光分布(类型)"为"点光源 Web",如图 6-78 所示。在"分布(光学度 Web)"中单击 `<选择光度学文件 >` 按钮,在弹出的"打开光域 Web 文件"对话框中选择多光文件,如图 6-79 所示。在"强度/颜色/衰减"卷展栏中设置"强度"值为 1000lm。

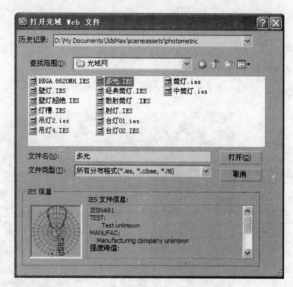

图 6-78   图 6-79

Step 6 渲染摄像机视图,效果如图 6-80 所示。

图 6-80

Step 7　在顶视图选择"目标点光源"用"实例"方式复制,如图 6-81 所示。然后渲染摄像机视图,效果如图 6-82 所示。

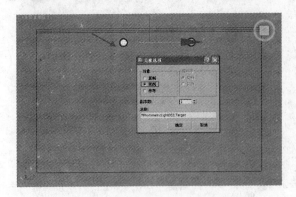

图　6-81

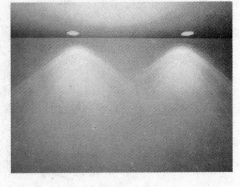

图　6-82

6.8.8　台灯光照

本案例通过向场景中添加标准灯光模拟台灯的照明效果,介绍"目标聚光灯"和使用方法,以及其参数的设置。

Step 1　选择"文件"→"打开"命令,打开"台灯照明.max"素材文件,如图 6-83 所示。

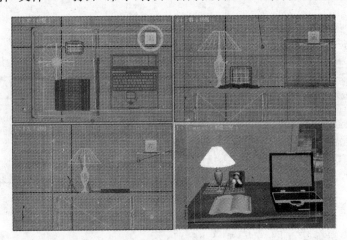

图　6-83

Step 2　添加主光,单击"创建"面板中的"灯光"按钮 🔦,在其下拉列表中选择"标准"选项,在"对象类型"卷展栏中单击 目标聚光灯 按钮,在左视图中创建一盏目标聚光灯,同时选择灯光和目标点,移动位置到台灯模型中心,如图 6-84 所示。

提示:要同时选择灯光和目标点,可单击灯光与目标点之间的连接线进行快速选择。

Step 3　打开"修改"面板,在"强度/颜色/衰减"卷展栏中单击"倍增"后面的色块,设置灯光颜色的 RGB 值分别为 253、238、214,如图 6-85 所示;在"远距衰减"选项组中选中"使用"和"显示"复选框,设置"开始"值为 208,"结束"值为 2800,如图 6-86 所示。

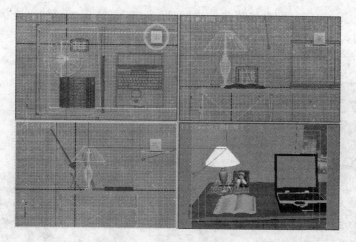

图　6-84

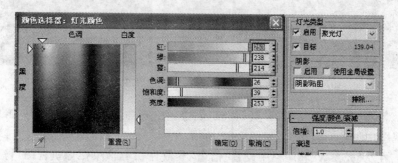

图　6-85

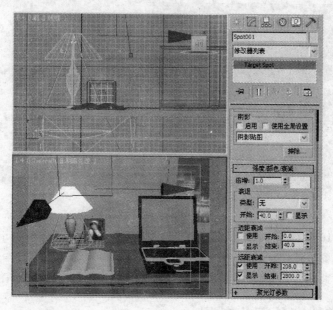

图　6-86

Step 4　在"聚光灯参数"卷展栏中选中"显示光锥"复选项,设置"聚光区/光束"参数为105,设置"衰减区/区域"参数为157,如图6-87所示。

Step 5　在工具栏单击 按钮渲染摄像机视图,效果如图6-88所示。

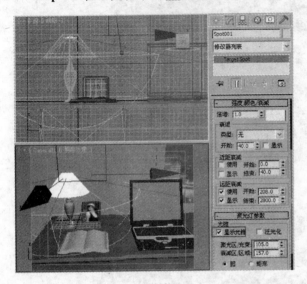

图　6-87　　　　　　　　　　　　　　图　6-88

Step 6　单击"创建"面板中的"灯光"按钮 ,在"对象类型"卷展栏中单击 天光 按钮,在顶视图中创建一盏天光,如图6-89所示。

Step 7　在"天光参数"卷展栏中设置"倍增"参数为0.4,渲染摄像机视图,得到如图6-90所示的效果。

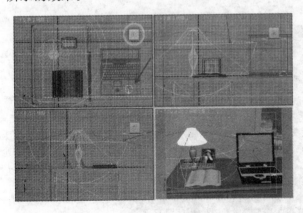

图　6-89　　　　　　　　　　　　　　图　6-90

Step 8　按F10键打开"渲染设置"窗口,选择"高级照明"选项卡,单击下拉列表框选择"光跟踪器"选项,参数使用默认值,如图6-91所示。

Step 9　在工具栏单击 按钮渲染摄像机视图,得到最终效果如图6-92所示。

6.8.9　模拟窗外天光效果

本案例通过制作室内窗外天光效果来介绍"线光源"的创建方法,以及其参数设置。

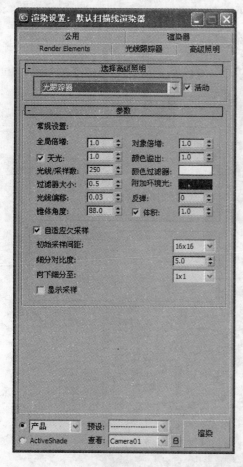

图 6-91   图 6-92

Step 1 选择"文件"→"打开"命令，打开"室内布光. max"素材文件，如图 6-93 所示。

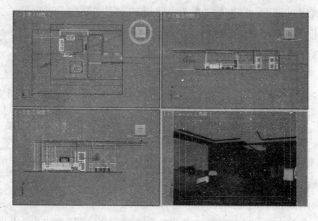

图 6-93

Step 2 单击"创建"面板中的"灯光"按钮 ，在"对象类型"卷展栏中单击 泛光灯 按钮，在顶视图中创建一盏泛光灯，如图 6-94 所示。然后，单击工具栏中"选对并移动"工具

按钮 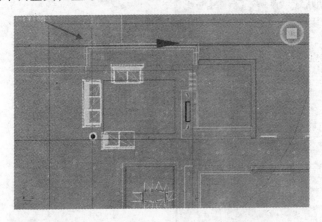，在前视图中调整其位置，如图 6-95 所示。

图　6-94

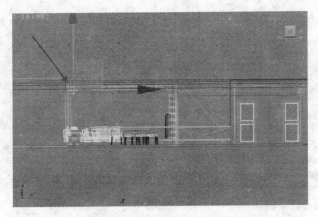

图　6-95

Step 3 打开"修改"面板，在"常规参数"卷展栏选中"阴影"选项区中的"启用"复选框，使灯光照射的物体能产生阴影。在"强度/颜色/衰减"卷展栏中将"倍增"数设置为 0.013，其参数设置如图 6-96 所示。

Step 4 设置泛光灯颜色和"阴影贴图参数"卷展栏中的参数，RGB 参数值分别为 176、164、225。灯光颜色为偏蓝色。灯光的阴影设置非常重要，在"阴影贴图参数"卷展栏中设置其"大小"为 256，"采样范围"为 12，表示把一张小尺寸的图片运用了较大的模糊处理，这样阴影就很淡很模糊，当很多这样的灯重合时，就会产生柔和的阴影效果，类似面积光源的光能传递，如图 6-97 所示。

Step 5 由于灯光放置在窗外，而且它们又打开了投影设置，为了不让玻璃遮挡这组灯光的照明，需要把窗玻璃的属性设置为不启用投影。选择"玻璃"并右击，打开"对象属性"对话框，取消"投影阴影"复选框，如图 6-98 所示。单击"确定"按钮关闭该对话框。

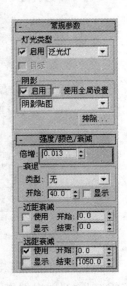

图　6-96

Step 6　选择"渲染"→"环境"命令,在弹出的"环境与效果"窗口中将背景颜色设置为浅蓝色,RGB 参数值分别为 183、185、229,使之合乎白天光照效果,如图 6-99 所示。

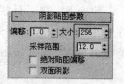

图　6-97

Step 7　在顶视图中确认"泛光灯 01"处于选择状态,单击工具栏中的 ✛ 按钮,然后按 Shift 键的同时,将其沿 X 轴向左移动到适当位置后,释放鼠标,打开"克隆选项"对话框,在该对话框中设置其参数,如图 6-100 所示。单击 确定 按钮关闭该对话框。调整它们之间位置,效果如图 6-101 所示。

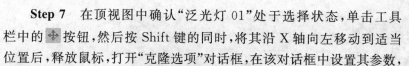

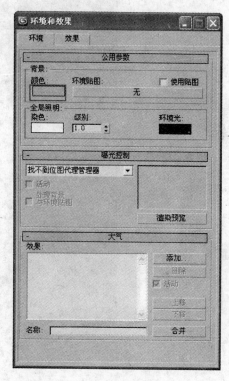

图　6-98

图　6-99

图　6-100

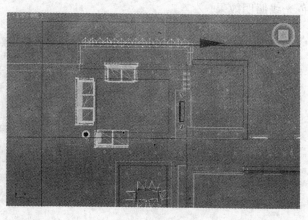

图　6-101

Step 8 在工具栏中将"选择过滤器"设置为"L-灯光"选项,如图 6-102 所示。这样用户在选取时只能选取灯光,比较方便。在前视图中选择前面复制的泛光灯,将其沿 Y 轴向下拖曳并复制,效果如图 6-103 所示。

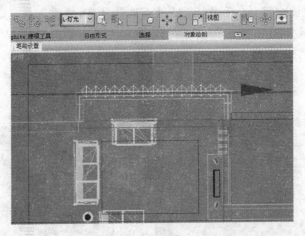

图　6-102

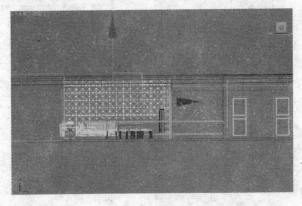

图　6-103

Step 9 对当前场景进行渲染测试,效果如图 6-104 所示,可以看到从窗外进入室内浅蓝色光线照明效果。

图　6-104

6.8.10 创建阳光照明效果

房屋的左侧窗户有阳光射入,通过一盏强烈的目标平行光来表现其照明效果,需要清晰锐利的光线跟踪投影。

Step 1 选择"文件"→"打开"命令,打开"阳光照明.max"素材文件,如图 6-105 所示。

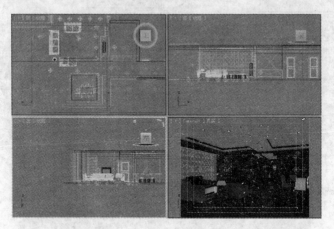

图 6-105

Step 2 单击"创建"面板中的"灯光"按钮 ,在其下方的拉列表框中选择"标准"选项,在"对象类型"卷展栏中单击 目标平行光 按钮,在顶视图中创建一盏目标平行光,在左视图调整平行光位置,如图 6-106 所示。

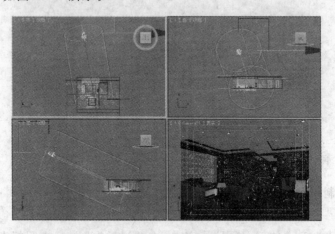

图 6-106

Step 3 单击"常规参数"展卷栏,在展开的展卷栏下选中"阴影"选项区中的"启动"复选框,使灯光照射的物体能产生阴影效果,并在其下方的下拉列表框中选取"光线跟踪阴影"选项,如图 6-107 所示。

Step 4 在"强度/颜色/衰减"卷展卷栏,在展开的卷展栏中设置倍增数为 0.9,颜色为浅黄色;单击"平行光参数"卷展栏,设置参数如图 6-108 所示。

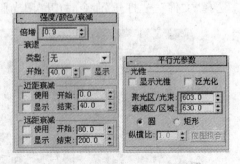

图 6-107　　　　　　　　　　　　　　　图 6-108

Step 5　渲染摄像机视图,效果如图 6-109 所示。

图 6-109

6.8.11　筒灯光效果

本案例通过制作室内筒灯光效果来介绍"光域网"的使用方法,以及其参数设置。

Step 1　接上一案例,单击"创建"面板中的"灯光"按钮 ,在 标准 下拉列表中选择"光学度"选项,单击 目标灯光 按钮,在前视图中创建一盏目标点光源,如图 6-110 所示。用"选择并移动"工具在顶视图中调整其位置,如图 6-111 所示。

Step 2　打开"修改"面板,在"常规参数"卷展栏中选择"阴影"选项区中的"启用"复选框,在"灯光分布"选项区下方的下拉列表框中选择"光度学 Web"选项,在"阴影贴图参数"卷展栏中设置其参数,如图 6-112 所示。

Step 3　在"分布(光度学 Web)"卷展栏中单击 < 选择光度学文件 > 按钮,在弹出的"打开光域 Web 文件"对话框中选择"多光.IES"文件,如图 6-113 所示。

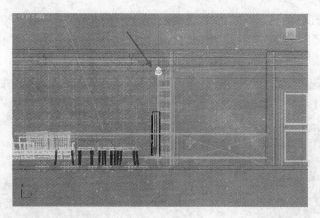

图 6-110

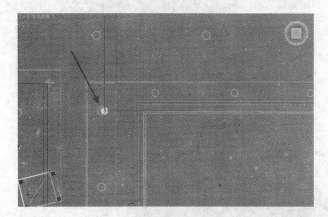

图 6-111

图 6-112

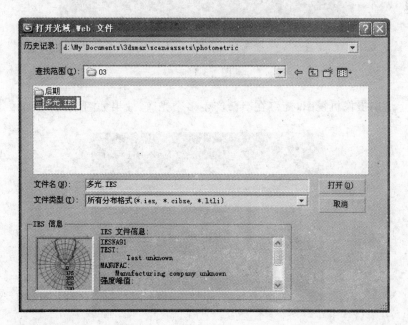

图 6-113

Step 4 在"强度/颜色/衰减"卷展栏中的"颜色"选项区中设置"开尔文"值为 3600，颜色为浅黄色；在"强度"选项区中选中 lm 单选按钮，并在其下方的数值框中输入 460lm，如图 6-114 所示。

Step 5 在顶视图中使用"实例"方式复制多渲染摄像机视图，筒灯在墙壁产生光斑，效果如图 6-115 所示。

图 6-114

图 6-115

Step 6 在顶视图中使用"实例"方式复制多盏目标灯光，并分别移动到如图 6-116 所示的位置。

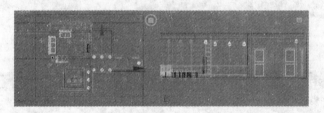

图 6-116

Step 7 渲染摄像机视图，筒灯在墙壁产生多个光斑，效果如图 6-117 所示。

图 6-117

习题 6

1. 简答题

(1) 3ds Max 中有哪几种类型的灯光？

(2) 怎样创建一个灯光并调整它的位置和颜色？

(3) 如何产生透明的彩色阴影？

(4) 阴影贴图卷展栏的主要参数的含义是什么？

(5) 灯光的哪些参数可以设置动画？

(6) 如何设置灯光的衰减效果？

(7) 大气效果是否可以产生阴影？

(8) 如何设置阴影的偏移效果？

(9) 是否可以改变阴影的颜色？如何改变？

(10) 哪种阴影类型可以产生半影效果？

(11) 布光的基本原则是什么？

2. 上机操作

(1) 创建如图 6-118 所示的室外灯光效果。

(2) 创建如图 6-119 所示的室内灯光效果。

图 6-118

图 6-119

第7章

摄像机

3ds Max 中的摄影机拥有超现实摄影机的能力，更换镜头动作可以瞬间完成，无级变焦更是真实摄影机无法比拟的，对于景深的设置，直观地用范围表示，用不着通过光圈计算，对于摄影机的动画，除了位置变动外，还可以表现焦距、视角、景深等动画效果。

7.1 创建摄像机

在 3ds Max 中有两种摄影机对象，分别为目标摄影机和自由摄影机。

目标摄影机用于观察目标点附近的场景内容，它包含摄影机和目标点两部分，这两部分可以同时调整也可以单独进行调整。摄影机和摄影机目标点可以分别设置动画，从而产生各种有趣的效果。图 7-1 所示为目标摄影机始终面向其目标。

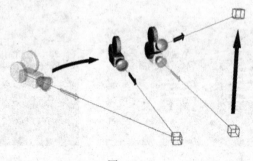

图 7-1

自由摄影机用于观察所指方向内的场景内容，没有目标点，所以只能通过旋转操作对齐目标对象。该摄影机类型多应用于轨迹动画的制作，如建筑物中的巡游、车辆移动中的跟踪拍摄效果等。自由摄影机图标与目标摄影机图标看起来相同，但是不存在要设置单独目标点的动画。当沿一个路径设置摄影机动画时，使用自由摄影机要更方便一些。图 7-2 所示为自由摄影机可以不受限制地移动和定向。

单击"创建"主命令面板上的"摄影机" 按钮，即可进入摄影机的创建面板，如图 7-3所示。

下面举例说明如何创建摄像机。

Step 1 选择"文件"→"打开"命令，打开"书房.max"素材文件，如图 7-4 所示。

图 7-2 图 7-3

图 7-4

Step 2 单击"创建"面板中的"摄像机"按钮 ，在"对象类型"卷展栏中单击 目标 按钮，然后在顶视图创建一架目标摄像机，如图 7-5 所示。

图 7-5

Step 3 选择创建的相机，在视图中调整相机位置如图 7-6 所示。

Step 4 激活透视图，按 C 键，切换到摄像机视图，然后按 Shift＋F 组合键，显示摄像机视图中的安全框如图 7-7 所示。

图   7-6

图   7-7

提示：安全框用来控制渲染输出视图的纵横比，中间的蓝色框控制视频裁剪的尺度，外面的黄色框用于背景图像与场景的对齐。如果输出静帧图像，超出最外围黄色框的部分将被裁掉。

7.2 摄影机的特性

真实世界中摄影机所使用镜头将场景反射的灯光聚焦到具有灯光敏感性曲面的焦点平面。如图 7-8 所示，A 为焦距，B 为视野。

7.2.1 焦距

镜头与感光表面间的距离称为焦距。焦距影响对象出现在图片上的清晰度。焦距越短，图片中包含的场景就越多；焦距越长，包含的场景将越少，但却能够更清晰地表现远处场景的细节。焦距总是以毫米（mm）为单位的，通常将 50mm 的镜头定为摄影机的标准镜头，低于 50mm 的镜头称为广角镜头，高于 50mm

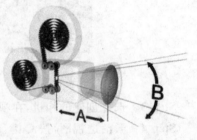

图   7-8

的镜头称为长焦镜头。

7.2.2 视野

视野用来控制可见场景范围的大小,以水平线度数进行测量,与镜头的焦距直接相关。例如,50mm的视角范围为46°。镜头越长,视角越窄;镜头越短,视角越宽。

7.2.3 视角和透视的关系

短焦距(宽视角)会加剧场景的透视失真,使对象朝向观察者看起来更深、更模糊。长焦距(窄视角)能够降低透视失真。如图7-9所示,左上图为长焦距(窄视角);右下图为短焦距(宽视角)。50mm的镜头最为接近人眼所看到的场景,所以产生的图像效果比较正常,该镜头多用于快照、新闻图片、电影制作中。

图 7-9

7.3 景深

与照相类似,景深是一个非常有用的工具。可以通过调整景深突出场景中的某些对象,如图7-10所示。下面就介绍景深的参数。

在摄像机的"修改"面板中有一个"景深参数"卷展栏。这个卷展栏有4个区域,分别是"焦点深度"、"采样"、"过程混合"和"扫描线渲染参数",如图7-11所示。

1. 焦点深度

"焦点深度"是摄像机到聚焦平面的距离。当"使用目标距离"复选框被激活后,就使用摄像机的"焦点深度"参数。如果"使用目标距离"被关闭,那么可以手工输入距离。两种设置方法都可以被设置动画,设置动画后就可以产生聚焦点改变的动画。

改变聚焦点也被称为Rack聚焦,是使用摄像机的一个技巧。利用这个技巧可以在动画中不断改变聚焦点。

2. 采样

这个区域的设置决定图像的最后质量。

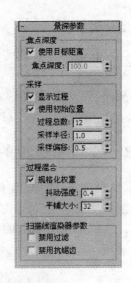

图　7-10　　　　　　　　　　　　　　图　7-11

（1）显示过程：如果选中这个复选框，那么将显示"景深"的每遍渲染。这样能动态地观察"景深"的渲染情况。如果关闭了这个选项，那么在进行全部渲染后再显示渲染的图像。

（2）使用初始位置：当选中这个复选框后，多次渲染的第一次渲染从摄像机的当前位置开始。当取消这个选项后，根据"采样半径"中的设置设定第一遍渲染的位置。

- 过程总数：这个参数设置多次渲染的总数。数值越大，渲染次数越多，渲染时间就越长，最后得到的图像质量就越高。
- 采样半径：这个数值用来设置摄像机从原始半径移动的距离。在每次渲染的时候稍微移动一点，摄像机就可以获得景深的效果。此数值越大，摄像机就移动得越多，创建的景深就越明显。但是如果摄像机移动得太远，那么图像可能变形，而不能使用。
- 采样偏移：使用该参数决定如何在每次渲染中移动摄像机。该数值越小，摄像机偏离原始点就越少；该数值越大，摄像机偏离原始点就越多。

3．过程混合

当渲染多次摄像机效果时，渲染器将轻微抖动每次的渲染结果，以便混合每次的渲染。

- 规格化权重：当这个选项被打开后，每次混合都使用规格化的权重。如果没有打开该选项，那么将使用随机权重。
- 抖动强度：这个数值决定每边渲染抖动的强度。数值越高，抖动越厉害。抖动是通过混合不同颜色和像素来模拟颜色或混合图像的方法。
- 平铺大小：这个参数设置在每次渲染中抖动图案的大小。

4．扫描线渲染器参数

使用扫描线渲染器参数可以使用户取消多次渲染的过滤。

下面举例说明如何制作"景深"效果。

Step 1 选择"文件"→"打开"命令，打开"景深.max"素材文件，如图 7-12 示。

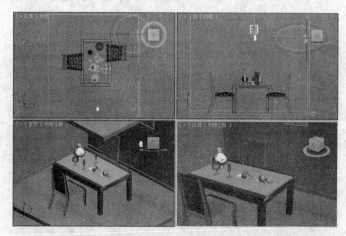

图 7-12

Step 2 单击"创建"面板中的"摄像机"按钮 ，在"对象类型"卷展栏中单击 目标 按钮。然后在顶视图创建一架目标摄像机，如图 7-13 所示。

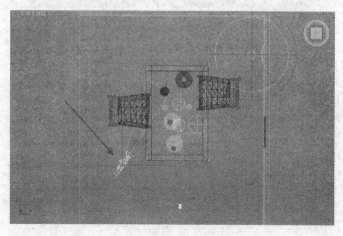

图 7-13

Step 3 在工具栏中单击"选择过滤器"下拉列表选择"C-摄像机"选项，如图 7-14 所示。然后右击 按钮启动"选择并移动"工具，选中视图中的摄像机图标，设置其位置坐标为 X：−20,Y=−55,Z=45,如图 7-15 所示。

Step 4 选择视图中的摄像机目标点，设置其位置坐标为 X=−2,Y=−10,Z=36,如图 7-16 所示。

Step 5 按 C 键切换至摄像机视图，按 Shift＋F 组合键显示安全框，如图 7-17 所示。

Step 6 选择 Camara01 创建的摄像机，打开"修改"面板，在"参数"卷展栏的"多过程效果"选项组中选中"启动"复选框，设置"目标距离"参数为 50,在"景深参数"卷展栏中设置"采样半径"为 0.7,如图 7-18 所示。

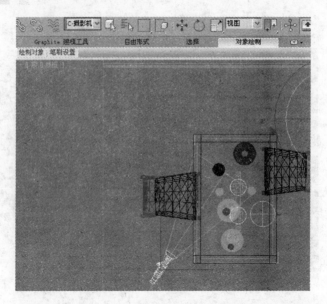

图　7-14

图　7-15

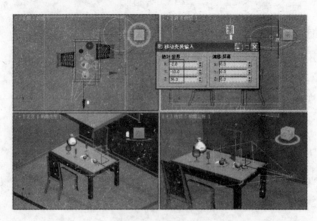

图　7-16

图 7-17　　　　　　　　　　　　　　　　图 7-18

提示："目标距离"参数决定摄像机聚焦点的位置，增加"目标距离"的参数值，可产生近处模糊、远处清晰的景深效果。

Step 7 在工具栏单击 ◯ 按钮渲染摄像机视图，得到最终效果如图 7-19 所示。

图 7-19

7.4 经典案例

7.4.1 摄像机浏览动画

本案例通过制作飞行器动画，学习"路径约束"，"链接约束"命令的使用方法。

Step 1 选择"文件"→"打开"命令，打开"飞行器.max"素材文件，如图 7-20 所示。

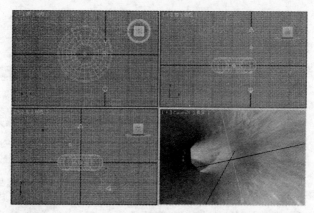

图 7-20

Step 2 单击"创建"面板中的图形 按钮,在"对象类型"卷展栏中单击 圆 按钮,在顶视图中绘制圆,如图 7-21 所示。

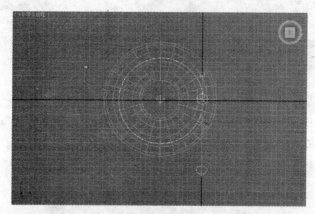

图 7-21

Step 3 选择"文件"→"导入"→"合并"命令,在打开的"合并文件"对话框中选择 Spaceship 文件,如图 7-22 所示。单击"打开"按钮,弹出"合并"对话框,选择 ship 选项,如图 7-23 所示。

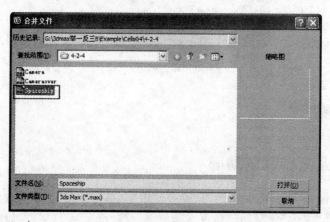

图 7-22

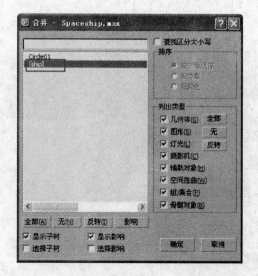

图　7-23

Step 4 导入"飞船"对象并移动至如图 7-24 所示的位置。

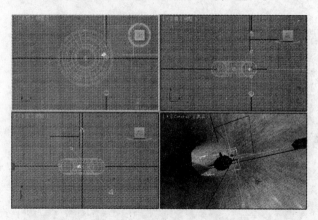

图　7-24

Step 5 确认飞船处于选择状态,选择"动画"→"约束"→"路径约束"命令,此时将出现一条跟随鼠标轨迹的虚线,在顶视图中单击圆,飞船就自由移动到圆线上,单击 ◎ 按钮,打开"运动"面板,在"路径参数"卷展栏中选中"跟随"单选项,在"轴"选项区中选中 Y 轴单选按钮,如图 7-25 所示。

Step 6 选择顶视图中的摄像机,选择"动画"→"约束"→"链接约束"命令,此时将出现一条跟随鼠标轨迹的虚线,在顶视图中单击飞船,如图 7-26 所示,摄像机就自由的随飞船一起运动。

Step 7 在动画控制区内单击 ▣ 按钮,在摄像机视图中观看效果。单击主工具栏中的 按钮,在弹出"渲染设置"对话框中,选中"活动时间段"复选框,在"输出大小"选择区中单击 640×480 按钮,然后单击 文件… 按钮,在弹出的对话框中设置相应的路径和文件名,单击"保存"按钮,输出的效果如图 7-27 所示。

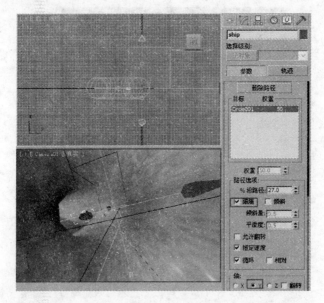

图　7-25

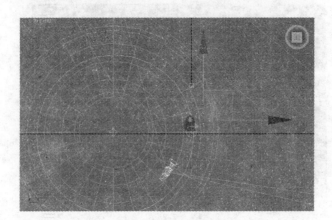

图　7-26

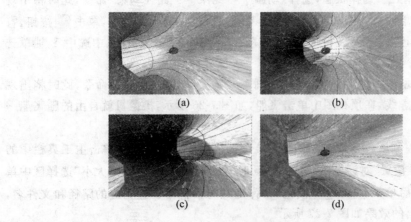

图　7-27

7.4.2 卧室浏览动画

本案例通过为卧室添加自由摄像机制作动画来介绍浏览动画创建方法。

Step 1 选择"文件"→"打开"命令,打开"卧室浏览动画.max"素材文件,如图 7-28 所示。

图 7-28

Step 2 在视图控制区中单击 ▦ 按钮,弹出"时间配置"对话框,将动画总"长度"设置为 1500,如图 7-29 所示。

提示:设置"长度"数值是决定动画播放的长度。数值越大,渲染时间就会越长,动画中的内容和变化就可以越多、越饱满;数值越小,渲染时间越短、内容和变化就会相对变少。

Step 3 单击"创建"面板中的图形 ⊙ 按钮,在"对象类型"卷展栏中单击 线 按钮,在顶视图中绘制一条曲线,如图 7-30 所示。

Step 4 打开"修改"面板,单击 ⸭ 按钮,进入"顶点子对象层级",选取一个顶点并右击,在弹出的快捷菜单中选取 Bezier 选项,如图 7-31 所示。然后调整顶点,效果如图 7-32 所示。

Step 5 再次单击 ⸭ 按钮,退出"顶点子对象层级"。在前视图中将绘制曲线移动至卧室 1/2 的位置,如图 7-33 所示。

Step 6 单击"创建"面板中的"摄像机"按钮 ◙,在"对象类型"卷展栏中单击 自由 按钮,在前视图中创建一架自由摄像机,如图 7-34 所示。

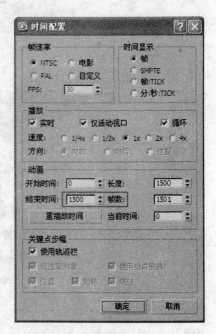

图 7-29

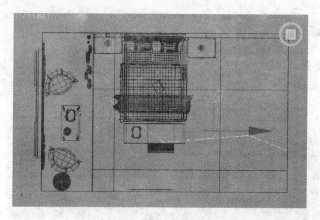

图   7-30

图   7-31

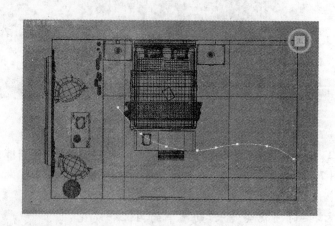

图   7-32

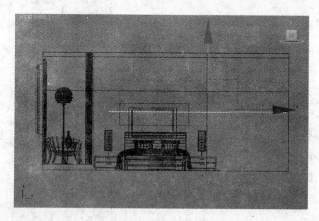

图   7-33

Step 7 确认摄像机处于选择状态,选择"动画"→"约束"→"路径约束"命令,此时将出现一条跟随鼠标轨迹的虚线,在顶视图中单击曲线,摄像机就自由移动到曲线上,在"路径参数"卷展栏中选中"跟随"复选框,如图 7-35 所示。

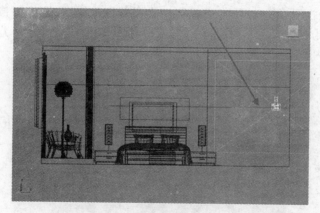

图 7-34

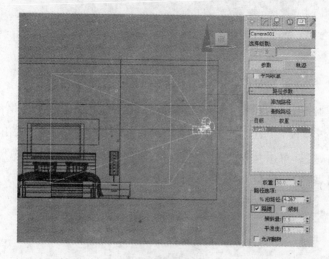

图 7-35

Step 8 单击工具栏中的 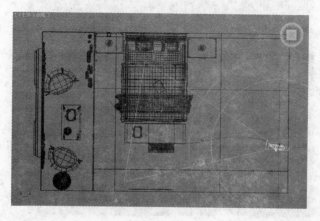 按钮,在顶视图中将摄像机旋转到与线性方身一致位置,如图 7-36 所示。

图 7-36

Step 9　激活透视图,按 C 键,将透视图切换为摄像机视图,选择摄像机,进入修改面板,将摄像机的"镜头"设置为 24,如图 7-37 所示,这样看到的空间就比较大了。

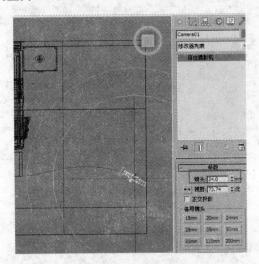

图　7-37

Step 10　在动画控制区内单击 ▶ 按钮,在摄像机视图中观看效果。单击主工具栏中的 按钮,在弹出的"渲染设置"对话框中,选中"活动时间段"复选框,在"输出大小"选择区中单击 640×480 按钮,然后单击 文件... 按钮,在弹出的对话框中设置相应的路径和文件名,单击"保存"按钮,输出的效果如图 7-38 所示。

图　7-38

习题 7

1. 简答题

（1）摄像机的镜头和视野之间有什么关系？
（2）3ds Max 测量视野的方法有几种？
（3）一般摄像机和正交摄像机有什么区别？
（4）裁减平面的效果是否可以设置动画？

2. 上机操作

启用摄像机"参数"卷展栏"多过程效果"选项组中的"景深"类型，分别调整"焦点深度"、"采样半径"、"过程总数"等相关参数设置，制作如图 7-39 所示的景深效果。

图　7-39

第8章

基本动画

动画以人的视觉原理为基础，就像快速查看一系列相关的静态图像，此时会感觉是一个连续的运动。每一个单独图像称为帧，如图 8-1 所示。

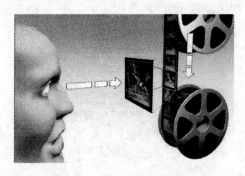

图　8-1

传统意义上的动画是将对象的运动姿势和周围环境定义成若干张图片，然后快速地播放这些图片，使它产生光滑流畅的动画效果。一分钟的动画大概需要 720～1800 个单独图像，图像越多，动画的质量就越好。传统动画需要用笔绘制或用摄像机拍摄，这是一项很艰巨的任务，所以为了解决这个问题，关键帧的概念应运而生。计算机动画的出现成为一种趋势，计算机制作的动画相对于传统动画更易于编辑、修改，大大节约了制作动画的时间，并且更有利于媒体的传播。

8.1 关键帧动画

计算机动画是以帧为时间单位进行计算的。读者可以自定义每秒播放多少帧。单位时间内的帧数越多动画画面就越清晰、流畅；反之，动画画面则会产生抖动和闪烁的现象。一般情况下动画画面每秒至少要播放 15 帧才可以形成比较流畅的动画效果，传统的电影通常为每秒播放 24 帧。

在 3ds Max 中制作动画时，不需要将每一帧都制作出来，而只需将一个动作开始一帧和结束时的一帧定义好，此时计算机会自动完成中间的各帧画面。图 8-2 所示为位于 1 和 2 的对象位置时不同帧上的关键帧模型，计算机自动产生中间帧。由用户自定义的画面称为关键帧，关键帧对于编辑计算机动画非常重要，所有三维动画的编辑和修改都是基于关键帧进行的。

图 8-2

8.1.1 3ds Max 中的关键帧

由于动画中的帧数很多，因此手工定义每一帧的位置和形状是很困难的。3ds Max 极大地简化了这个工作。可以在时间线上的几个关键点定义对象的位置，3ds Max 将自动计算中间帧的位置，从而得到一个流畅的动画。在 3ds Max 中，需要手工定位的帧称为关键帧。

需要注意的是，在动画中位置并不是唯一可以动画的特征。在 3ds Max 中可以改变的任何参数，包括位置、旋转、比例、参数变化和材质特征等都是可以设置动画的。因此，3ds Max 中的关键帧只是在时间的某个特定位置指定了一个特定数值的标记。

8.1.2 时间配置

3ds Max 是根据时间定义动画的，最小的时间单位是点，一个点相当于 1/4800 秒。在用户界面中，默认的时间单位是帧。需要注意的是，帧并不是严格的时间单位。同样是 25 帧的图像，对于 NTSC 制式电视来讲，时间长度不够 1 秒；对于 PAL 制式电视来讲，时间长度正好 1 秒；对于电影来讲，时间长度大于 1 秒。由于 3ds Max 记录与时间相关的所有数值，因此在制作完动画后再改变帧速率和输入格式，系统将自动进行调整以适应所做的改变。

默认情况下，3ds Max 显示时间的单位为帧，帧速率为每秒 30 帧。可以使用"时间配置"对话框（如图 8-3 所示）改变帧速率和时间的显示。"时间配置"对话框包含以下几个区域。

（1）帧速率：在这个区域可以确定播放速度，可以在预设的 NTSC、电影或 PAL 之间进行选择，也可以使用自定义设置。NTSC 的帧速率是 30fps（每秒帧），PAL 的帧速率是 25fps，电影是 24fps。

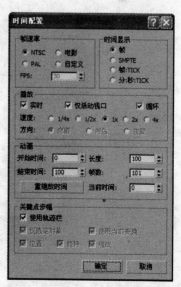

图 8-3

（2）时间显示：这个区域是指定时间的显示方式，有以下几种。

· "帧"：默认的显示方式。

· SMPTE：电影电视工程协会（Society of Motion Picture and Television Engineers，SMPTE），显示方式为分、秒和帧。

· "帧：TICKS"：帧：点。

· "分：秒：TICKS"："分：秒：点"。

（3）播放：这个区域是控制如何在视口中回放动画，可以使用实时回放，也可以指定帧速率。如果计算机播放速度跟不上指定的帧速度，那么将丢掉某些帧。

（4）动画：动画区域指定激活的时间段。激活的时间段是可以使用时间滑动块直接访问的帧数。可以在这个区域缩放总帧数。例如，如果当前的动画有 300 帧，现在需要将动画变成 500 帧，而且保留原来的关键帧不变，那么就需要缩放时间。

（5）关键点步幅：该区域的参数控制如何在关键帧之间移动时间滑动块。

8.2　创建关键帧

要在 3ds Max 中创建关键帧，必须在打开动画按钮的情况下在非第 0 帧改变某些对象。一旦进行了某些改变，原始数值被记录在第 0 帧，新的数值或关键帧数值被记录在当前帧。这时第 0 帧和当前帧都是关键帧。这些改变可以是变换的改变，也可以是参数的改变。例如，如果创建了一个球，然后打开动画按钮，到第 0 帧改变球的半径参数，这样，3ds Max 将创建一个关键帧。只要 **自动关键点** 按钮处于打开状态，就一直处于记录模式，3ds Max 将记录在非第 0 帧所做的改变。创建关键帧之后就可以拖曳时间滑动块观察动画。

下面举例说明如何使用"关键帧"制作动画。

Step 1　选择"文件"→"打开"命令，打开"万箭穿心.max"素材文件，如图 8-4 所示。

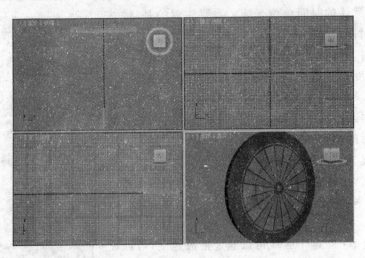

图　8-4

Step 2　在顶视图中确认"飞标 01"处于选择状态，单击工具栏中的 ✛ 按钮，然后按 Shift 键的同时，将其沿 X 轴向左移动到适当位置后，释放鼠标，打开"克隆选项"对话框，在该对话框中设置其参数,如图8-5所示。单击 确定 按钮关闭该对话框。在前视图中调整它们之间位置,效果如图8-6所示。

图 8-5 图 8-6

Step 3 在动画控制区中单击"自动关键点"按钮,启动动画记录模式,将时间滑块拖动到第5帧,选所有的飞标,并用移动工具将其移动到"把盘"位置,如图8-7所示。

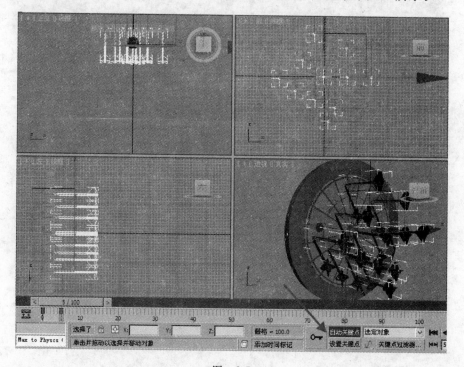

图 8-7

Step 4 选择一支飞镖,在动画控制区中将关键帧第0和第5帧拖曳至第10与第15帧的位置,制作单个飞标飞向把盘效果,如图8-8所示。

Step 5 用同样方法移动不同飞镖的关键帧,按F10键打开"渲染设置"窗口,设置时间输出"范围"为0~75,单击"渲染"按钮,开始渲染动画,效果如图8-9所示。

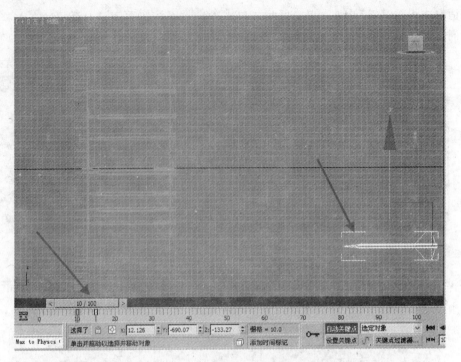

图　8-8

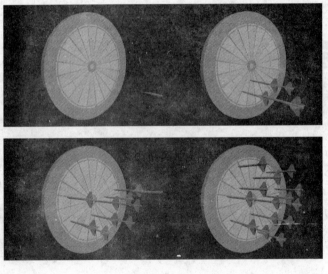

图　8-9

8.3　动画控制区的按钮及其功能

　　在 3ds Max 中,用于制作和播放动画的工具位于软件界面的右下方,在本书中将这一区域定义为动画控制区。图 8-10 所示为动画控制区。

图 8-10

动画控制区内的按钮主要对动画的关键点进行编辑，以及对播放时间等参数进行控制，是制作三维动画最基本的工具。在本部分将介绍其中各按钮的功能。

（1）▐◀◀ "转至开头"：单击该按钮可以使时间滑块移动到活动时间的第一帧。

（2）▶▶▐ "转至结尾"：单击该按钮可以使时间滑块移动到活动时间段的最后一帧。

（3）◀▐▐ "上一帧"：单击该按钮此时时间滑块将移动到上一帧。

（4）▐▐▶ "下一帧"：单击该按钮此时时间滑块将移动到下一帧。

（5）▶ "播放动画"：单击该按钮可在当前选择窗口中播放设置好的动画。该按钮包含了下拉按钮，单击"播放选定对象"按钮后，播放动画时视窗中没有被选择的对象将会被自动隐藏。

（6）▮▮ "停止动画"：单击该按钮可停止动画的播放。

（7）▐◀▶▐ "关键点模式切换"：单击该按钮后，进入关键点编辑模式，此时"上一帧"和"下一帧"按钮将变成"上一关键点"和"下一关键点"按钮，单击这两个按钮时间滑块会在设置好的关键点之间移动。

（8）▐ 7 ▐ "当前帧（转到帧）"：显示当前帧的编号，也可以在该字段中输入帧编号来转到该帧。

（9）自动关键点："切换自动关键点模式"：单击该按钮后，所有运动、旋转和缩放的更改都将设置成关键帧。

在 3ds Max 中很多的动画设置都可以通过控制器完成。利用动画控制器可以设置出很多应用关键帧或 IK 值方法很难实现的动画效果。控制器可以约束对象的运动状态，如可以使对象沿特定的路径运动和使对象始终注视另一个对象等特殊效果。

动画控制器主要控制物体的"位置"、"旋转"和"缩放"各控制项的数据。"位置"控制项的默认控制器是"位置 XYZ"控制器；"旋转"控制项的默认控制器是 Euler XYZ 控制器；"缩放"控制项的默认控制器是"Bezier 缩放"控制器。

可通过两种方法来为对象添加控制器，一是单击主工具栏中的"轨迹视图（打开）"按钮，在"轨迹视图"对话框中为对象添加控制器；二是进入"运动"主命令面板，从该命令面板中为对象添加控制器。

8.4 几种常用控制器

3ds Max 中提供的动画控制器很多，在此不再一一介绍，而是介绍几种很常用的控制器，这些控制器都很有代表性。在本章将对"链接约束"、"路径约束"、"注释约束"和"方向约束"4 种动画控制器进行介绍。

8.4.1　链接约束

链接约束用来创建对象与目标对象之间彼此链接的动画,可以使对象继承目标对象的位置、旋转度以及比例,也可以是一个子对象在不同的时间可以拥有不同的父对象。下面先介绍添加"链接约束"控制器的方法。

选择一个对象,进入 "运动"主命令面板,展开"指定控制器"卷展栏,在显示窗口内选择"变换"选项,然后单击 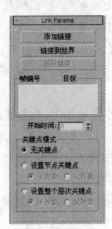 "指定控制器"按钮,打开"指定变换控制器"对话框,在该对话框内选择"链接约束"选项,如图 8-11 所示。单击"确定"按钮退出该对话框。

此时在"运动"命令面板中会出现 Link Params 卷展栏,如图 8-12 所示。

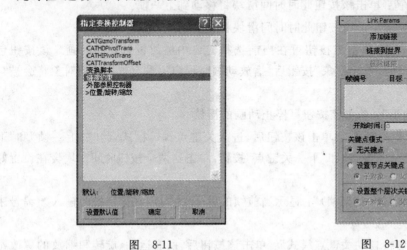

图　8-11　　　　　　　　　　　　图　8-12

(1)"添加链接":单击该按钮,可以为对象添加一个新的目标点,此时在目标卷展栏内将出现目标对象的名称以及成为目标对象的帧数。在动画控制区调整时间滑块的位置,再次单击"添加链接"按钮,在场景中拾取另一个对象,确定第二个目标对象。

(2)"链接到世界":单击该按钮,可以将对象链接到世界(整个场景)。在"目标"展示窗口中选择一个选项,然后单击"删除链接"按钮,此时在"目标"展示窗口中选择的目标对象将被解除链接。

(3)"关键点模式":选择该选项组中的"无关键点"单选按钮,约束对象或目标中不会写入关键点。

(4)"设置节点关键点":选择该单选按钮后将关键帧写入指定的选项。其下具有两个单选按钮:子对象和父对象。选择"子对象"单选按钮后,仅在约束对象上设置一个关键帧。选择"父对象"单选按钮后,为约束对象和其所有目标设置关键帧。

(5)"设置整个层次关键点":选择该单选按钮后,用指定选项在层次上部设置关键帧。其下也具有两个单选按钮:子对象和父对象。"子对象"仅在约束对象和它的父对象上设置一个关键帧。"父对象"为约束对象、它的目标和它的上部层次设置关键帧。

8.4.2　路径约束

"路径约束"控制器可以使对象沿指定的路径运动,并且可以产生绕路径旋转的效果。可以为一个对象设置多条运动轨迹,通过调节重力的权重值来控制对象的位置。其添加方法为展开"指定控制器"卷展栏,在显示窗口内选择"位置"选项,然后单击"指定控制器"按钮,打开"指定位置控制器"对话框,在该对话框内选择"路径约束"选项,单击"确定"按钮退出该对话框。这时会出现"路径参数"卷展栏,如图 8-13 所示。

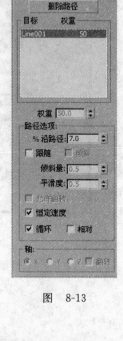

（1）"添加路径"：单击该按钮,拾取二维型作为路径,此时该对象将沿着二维型运动。

（2）"删除路径"：选择显示窗中所拾取的路径后,单击该按钮,可以删除"目标"显示窗口中的路径。

（3）"权重"：该参数栏用于为每个目标指定权重值并为它设置动画。

（4）"％沿路径"：该参数设置对象沿路径的位置百分比。

（5）"跟随"：启用该复选框后,所选对象会随着路径的转折改变自身的运动方向。

（6）"倾斜"：启用该复选框后,所选对象会随着路径的走势倾斜。

（7）"倾斜量"：用于设置对象从一边到另一边的倾斜程度。

（8）"平滑度"：该参数栏用于控制对象在经过路径中的转弯时翻转角度改变的快慢程度。

（9）"允许翻转"：选中该复选框后,可避免在对象沿着垂直方向的路径行进时有翻转的情况。

图　8-13

（10）"恒定速度"：选中该复选框后,对象将保持匀速运动。

（11）"循环"：该复选框在默认情况下,是处于启用状态的,当约束对象到达路径末端时,它不会越过末端点。

（12）"相对"：选中该复选框,将保持约束对象的原始位置不会改变。

（13）"轴"选项组用于定义对象的轴与路径轨迹对齐。选中"翻转"复选框后,可以翻转应用轴的方向。

下面举例说明如何使用"路径约束"制作动画。

Step 1　选择"文件"→"打开"命令,打开 "奔驰的汽车.max" 素材文件,如图 8-14 所示。

图　8-14

Step 2 选择一个车轮,单击主工具栏中的 ▦ 按钮,弹出"轨迹视图"窗口,选择 Rotation 选项,右击,在弹出的快捷菜单中选择"指定控制器"选项,如图 8-15 所示,弹出"指定浮动控制器"对话框,选择 Euler XYZ 选项,如图 8-16 所示。

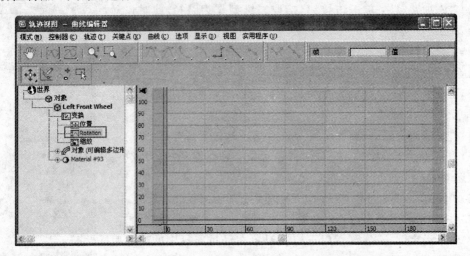

图　8-15

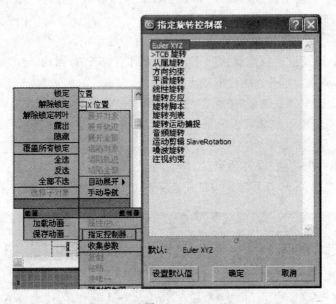

图　8-16

Step 3 单击"确定"按钮,选择"X轴旋转"选项,在"轨迹视图"窗口中单击按钮,分别在第 0 和第 200 帧位置添加关键帧,如图 8-17 所示。

Step 4 分别设置第 0 和第 200 帧值为 0、15000,如图 8-18 所示。

Step 5 用同样方法分别设置其他三个车轮,让其旋转,然后将 4 个车轮选取,在工具栏中单击"选择并链接"按钮 ⬚,此时将出现一条跟随鼠标轨迹的虚线,在前视图中单击车身,将车轮与车身相连,如图 8-19 所示。

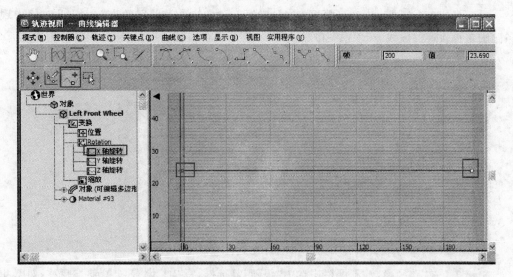

图 8-17

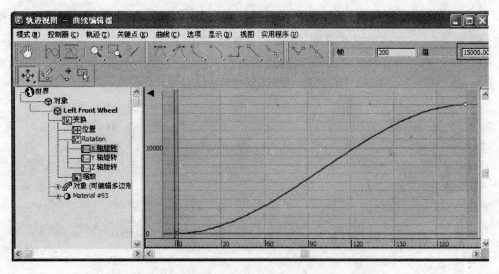

图 8-18

图 8-19

Step 6　确认车身处于选择状态,选择"动画"→"约束"→"路径约束"命令,此时将出现一条跟随鼠标轨迹的虚线,在顶视图中单击曲线,汽车就自由移动到曲线上,如图 8-20 所示。

图　8-20

Step 7　在"路径参数"卷展栏中选中"跟随"复选框,将"轴"设置为 Y 轴"翻转",如图 8-21 所示。

Step 8　单击"创建"面板中的"摄像机"按钮 📷,在"对象类型"卷展栏中单击 目标 按钮,在顶视图中创建一架目标摄像机,如图 8-22 所示。

Step 9　选择目标摄像机的目标点,在工具栏中单击"选择并链接"按钮 🔗,此时将出现一条跟随鼠标轨迹的虚线,在前视图中单击车身,将车轮与车身相连,如图 8-23 所示。

图　8-21

图　8-22

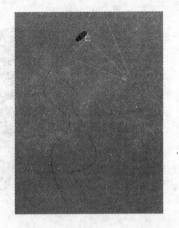

图　8-23

Step 10 确认摄像机处于选择状态,选择"动画"→"约束"→"路径约束"命令,此时将出现一条跟随鼠标轨迹的虚线(如图 8-24 所示)。在顶视图中单击曲线,摄像机就自由移动到曲线上。

Step 11 激活透视图,按 C 键,将透视图转换为摄像机视图,如图 8-25 所示。

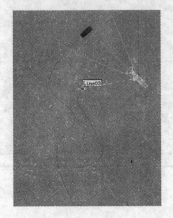

图 8-24 图 8-25

Step 12 按 F10 键打开渲染面板,设置 0～100 帧的输出范围,效果如图 8-26 所示。

图 8-26

8.5 轨迹视图

"轨迹视图"使用两种不同的模式:"曲线编辑器"和"摄影表"。"曲线编辑器"模式可以将动画显示为功能曲线。"摄影表"模式可以将动画显示为关键点的电子表格。关键点是带有颜色的代码,便于辨认。"轨迹视图"中的一些功能,例如移动和删除关键点,也可以在时间滑块附近的轨迹栏上实现,还可以展开轨迹栏来显示曲线。可以将"曲线编辑器"和"摄影表"窗口停靠在界面底部的视口之下。图 8-27 和图 8-28 所示分别为曲线编辑和摄影表两种模式。

"曲线编辑器"是一种"轨迹视图"模式,使用功能曲线方式表示运动。该模式可以直观地表现运动的插值以及软件在关键帧之间创建的对象变换,并且使用曲线上关键点的切线控制柄,还可以轻松观看和控制场景中对象的运动和动画效果。

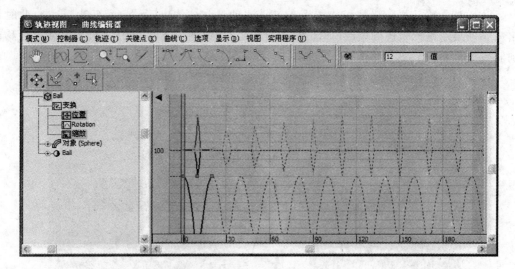

图　8-27

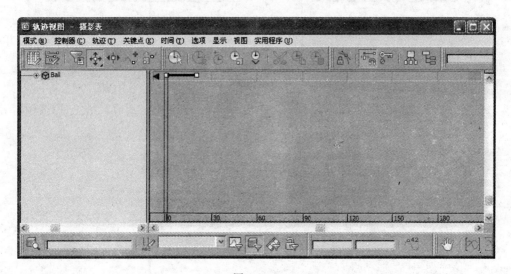

图　8-28

8.6　经典案例

8.6.1　音频控制动画

本案例通过"音频浮点"命令对灯光的"倍增"值大小控制,制作灯光强弱随声音强弱进行变化的效果。

Step 1　选择"文件"→"打开"命令,打开"音频控制.max"素材文件,如图 8-29 所示。

Step 2　单击"创建"面板中的"灯光"按钮 ,在其下方的拉列表框中选择"标准"选项,在"对象类型"卷展栏中单击 泛光灯 按钮,在顶视图中创建一盏泛光灯,在前视图调整泛光灯位置,如图 8-30 所示。

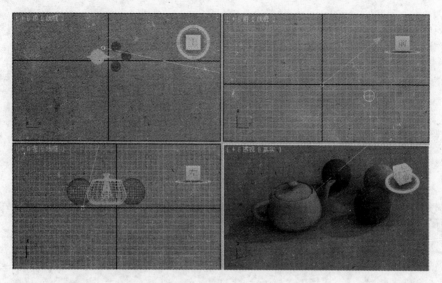

图 8-29

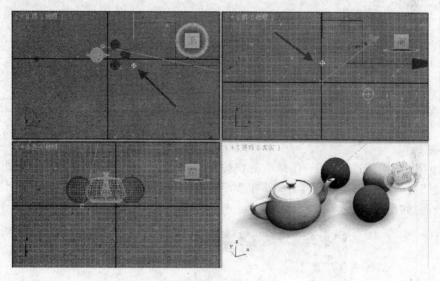

图 8-30

Step 3 单击"常规参数"展卷栏,在展开的展卷栏下选中"阴影"选项区中的"启动"复选框,使灯光照射的物体能产生阴影效果,并在其下方的下拉列表框中选取"阴影贴图"选项,如图 8-31 所示。

Step 4 在"强度/颜色/衰减"卷展栏,在展开的卷展栏中设置"倍增"数为 0.5,颜色为白色,如图 8-32 所示。

Step 5 渲染摄像机视图,效果如图 8-33 所示。

Step 6 选择创建的泛光灯,单击主工具栏中的  按钮,弹出"轨迹视图"窗口,展开"对象(泛光灯)"→"倍增"选项,如图 8-34 所示。

图 8-31

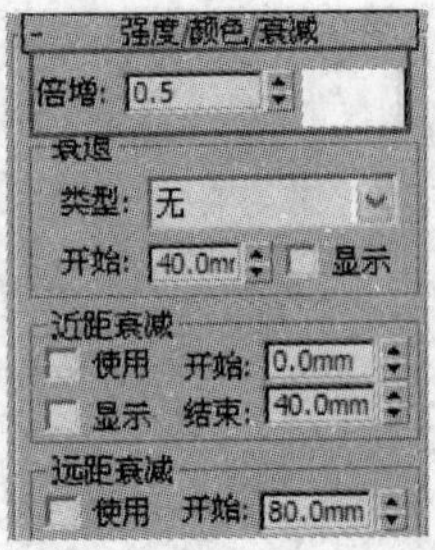

图 8-32

图 8-33

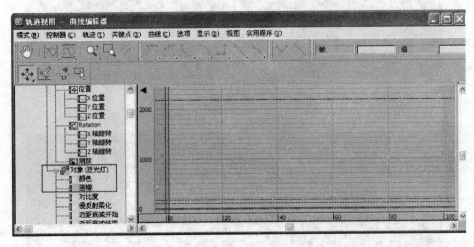

图 8-34

Step 7 右击"倍增"选项,在弹出的快捷菜单中选择"指定控制器"选项,弹出"指定浮点控制器"对话框,选择"音频浮点"选项,如图 8-35 所示。单击"确定"按钮,弹出"音频控制器"对话框,如图 8-36 所示。

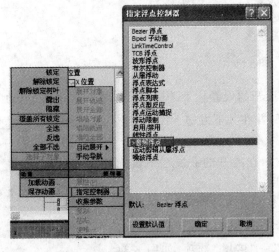

图 8-35

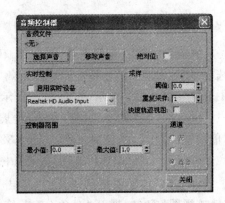

图 8-36

Step 8 弹出"音频控制器"对话框,单击 选择声音 按钮,在打开的"打开声音"对话框中选择"雷声",如图8-37所示,单击"打开"按钮。

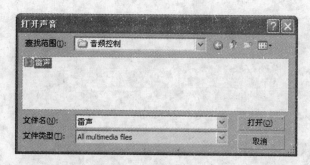

图 8-37

Step 9 弹出"音频控制器"对话框,在"控制器范围"选项中,设置"最大值"为4.0,如图8-38所示。

Step 10 按F10键打开渲染面板,设置0～100帧的输出范围,效果如图8-39所示。

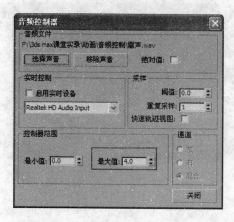

图 8-38

图 8-39

8.6.2 运动继承动画

本案例通过公园高转车动画效果制作,学习"链接"修改设置。

Step 1 选择"文件"→"打开"命令,打开"公园高转车.max"素材文件,如图8-40所示。

Step 2 在工具栏中单击"选择并链接"按钮 ,选择一个坐椅,此时将出现一条跟随鼠标轨迹的虚线,在透视图中单击坐椅支架,将坐椅与支架相连,如图8-41所示。

Step 3 用同样方法将其他坐椅与支架相连,拖动时间滑块,坐椅与高转车一起旋转,如图8-42所示。

Step 4 选择一个坐椅,单击"层次"面板中的"链接信息"按钮 链接信息 ,在"继承"卷展栏中将"旋转"的Y选项取消,如图8-43所示。用同样方法将所有坐椅"旋转"的Y选项取消,按F10键打开"渲染设置"对话框,设置时间输出"范围"为0～100,单击"渲染"按钮,开始渲染动画,效果如图8-44所示。

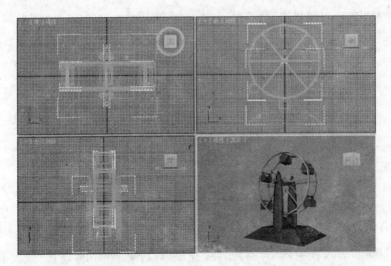

图　8-40

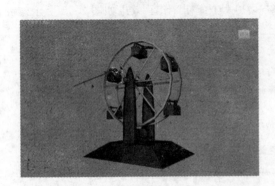

图　8-41

图　8-42

图　8-43

图　8-44

8.6.3　噪波控制动画

本案例通过"噪波浮点"命令控制频率值大小,制作时钟左右摆动效果。

Step 1　选择"文件"→"打开"命令,打开"噪波控制.max"素材文件,如图 8-45 所示。

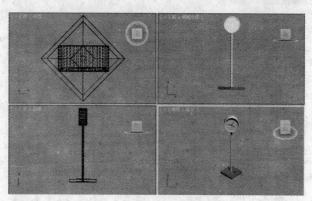

图　8-45

Step 2　选择钟的上部分,单击创建面板中的 ◎ 按钮,在"指定浮点控制器"卷展栏中选择"Y 轴旋转"选项,然后单击 ☑ 按钮,在弹出的"指定浮点控制器"对话框中选取"噪波浮点"选项,如图 8-46 所示。

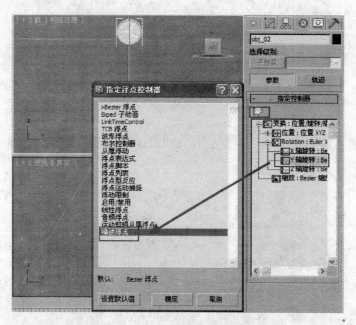

图　8-46

Step 3　单击"确定"按钮,弹出"噪波控制器"对话框,在其中设置"频率"为 0.2,强度为 100,如图 8-47 所示。

Step 4　按 F10 键打开渲染面板,设置 0～100 帧输出的范围,效果如图 8-48 所示。

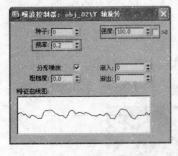

图 8-47

图 8-48

8.6.4 波形控制动画

本案例通过"波动浮点"命令控制"推力值"大小,制作心脏波动效果。

Step 1 选择"文件"→"打开"命令,打开"心脏.max"素材文件,如图 8-49 所示。

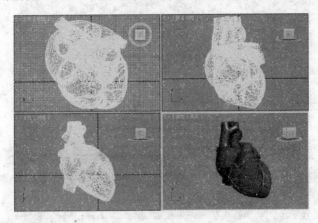

图 8-49

Step 2 选择心脏物体,打开"修改"面板,在"修改器列表"下拉列表框中选择"推力"选项,如图 8-50 所示。

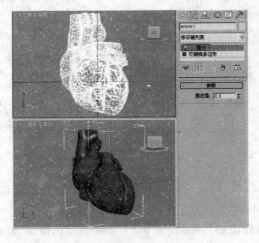

图 8-50

Step 3 单击主工具栏中的 按钮,弹出"轨迹视图"窗口,选择"推力值"选项,右击,在弹出的快捷菜单中选择"指定控制器"选项,弹出"指定浮动控制器"对话框,选择"波形浮点"选项,如图 8-51 所示。

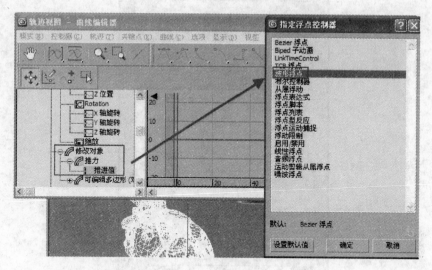

图 8-51

Step 4 单击"确定"按钮,弹出"波形控制器"对话框,单击"半正弦" 按钮,设置"周期"为 25,"振幅"为 2,如图 8-52 所示。

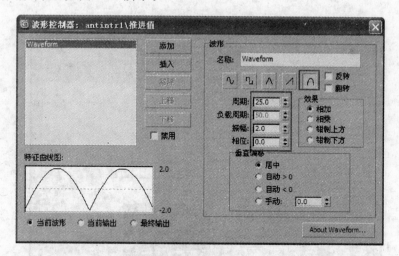

图 8-52

Step 5 选择"渲染"→"环境"命令,在弹出的"环境和效果"对话框中,单击 无 按钮,如图 8-53 所示,打开"材质/贴图浏览器"对话框。在"位图"选项上双击鼠标左键,选取 heart001 序列文件,如图 8-54 所示。

Step 6 将"环境贴图"按钮拖曳至"材质编辑器"窗口中的一个新材质球上,在弹出的"实例(副本)贴图"对话框中选中"实例"单选按钮,如图 8-55 所示。单击"确定"按钮关闭对话框。

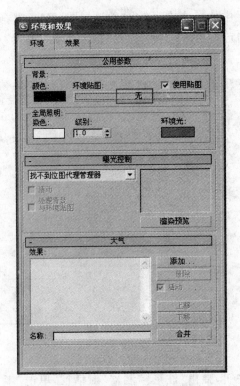

图　8-53

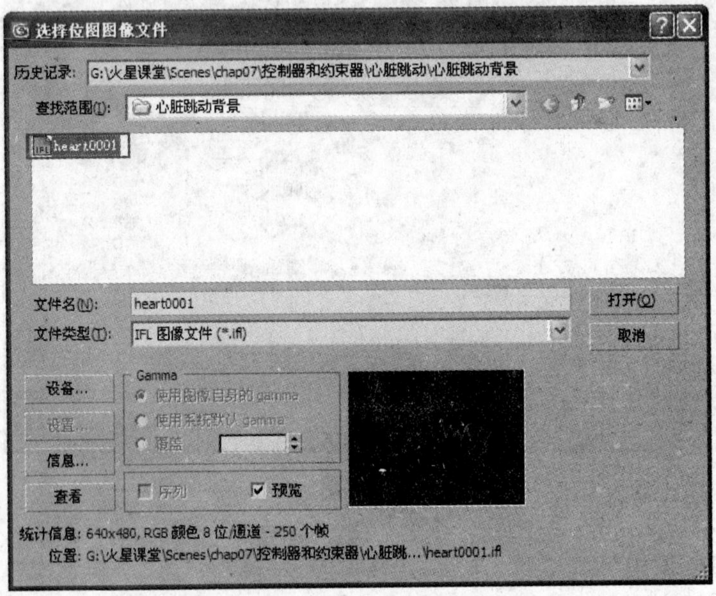

图　8-54

Step 7　在"坐标"卷展栏中设置"瓷砖"V向的值为3，如图8-56所示。

Step 8　选择"视图"→"视口背景"命令，弹出"视口背景"对话框，选择"使用环境背景"选项，如图8-57所示。单击"确定"按钮，背景显示效果如图8-58所示。

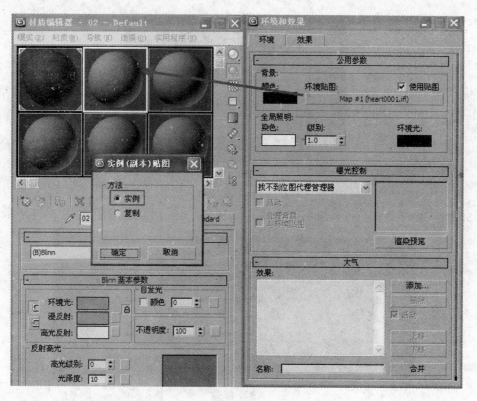

图 8-55

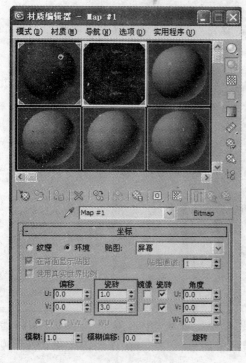

图 8-56

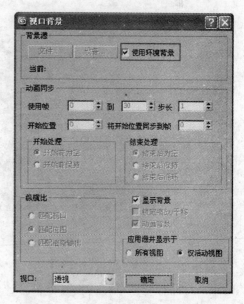

图 8-57

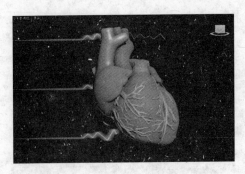

图 8-58

Step 9 按 F10 键打开渲染面板,设置 0~100 帧的输出范围,效果如图 8-59 所示。

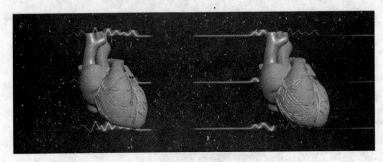

图 8-59

8.6.5 路径变形动画

本案例利用"路径约束"与"路径变形"修改器相结合,制作一个钢笔书写动画。

Step 1 选择"文件"→"打开"命令,打开"路径变形.max"素材文件,如图 8-60 所示。

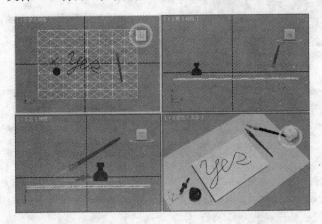

图 8-60

Step 2 单击 ![按钮] 按钮,在打开的"选择对象"对话框中选择 nib 对象,然后选择"动画"→"约束"→"路径约束"命令,此时将出现一条跟随鼠标轨迹的虚线,在顶视图中单击 Line01 对象将其选定为路径,如图 8-61 所示。

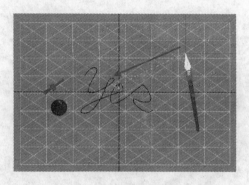

图 8-61

Step 3 在视图中 Line01 对象起点位置创建一个圆柱体,其形态和参数设置如图 8-62 所示。

图 8-62

Step 4 选择"修改器"→"动画"→"路径变形 wsm"命令,打开"修改"面板,在"参数"卷展栏中单击"拾取路径"按钮,在视图中单击 Line01 对象,然后单击"转到路径"按钮,视图中的圆柱体如图 8-63 所示。

Step 5 在动画控制区中单击"自动关键点"按钮,启动动画记录模式。在第 0 帧时,在"参数"卷展栏中设置"拉伸"值为 0;在第 100 帧时,设置"拉伸"值为 3.62,播放动画,观看钢笔沿着路径进行书写效果,如图 8-64 所示。

提示:为了使路径显示效果与钢笔书写完全同步,每隔 10 帧设置一个关键点,并使用 微调器调整"拉伸"数值,使路径的线与钢笔的笔尖同步。

8.6.6 链接约束动画

本案例通过"添加链接"参数设置,制作叉车运箱子动画效果。

Step 1 选择"文件"→"打开"命令,打开"叉车.max"素材文件,如图 8-65 所示。

图 8-63

图 8-64

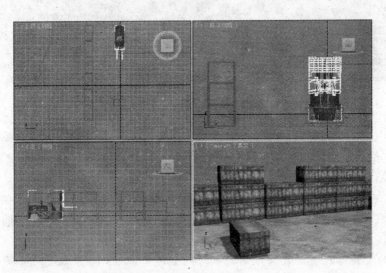

图 8-65

Step 2 选择地面的"箱子",单击创建面板中的 ⊚ 按钮,选择"变换:位置/旋转/缩放"选项,然后单击 ▣ 按钮,在弹出的"指定变换控制器"对话框中选取"链接约束"选项,如图 8-66所示。

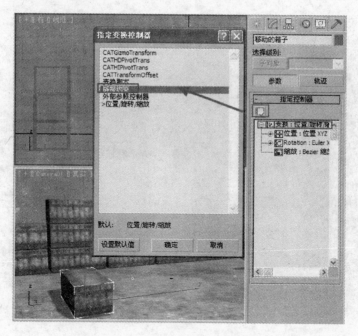

图 8-66

Step 3 单击"确定"按钮,然后在 Link Params 卷展栏单击"添加链接"按钮,单击地面,如图 8-67 所示。

图 8-67

Step 4 将时间滑块拖动至第 120 帧位置,再次单击叉车的"叉子"物体,将叉子添加链接,效果如图 8-68 所示。

Step 5 按 F10 键打开渲染面板,设置 0～100 帧的输出范围,效果如图 8-69 所示。

图   8-68

图   8-69

8.6.7   东方时空动画

本案例通过摄像机的创建及材质的设置,介绍"摄像机"的创建方法及"混合"材质编辑方法。

Step 1   选择"文件"→"打开"命令,打开 east.max 素材文件,如图 8-70 所示。

Step 2   单击"创建"面板中的"摄像机"按钮,在"对象类型"卷展栏中单击 **目标** 按钮,然后在顶视图创建一架目标摄像机,如图 8-71 所示,确认摄像机处于被选择状态,激活透视图,然后选择"视图"→"从视图创建摄像机"命令,如图 8-72 所示。

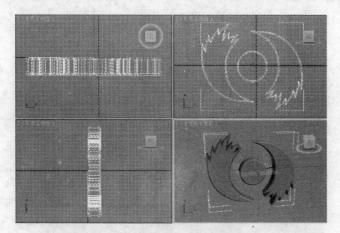

图 8-70

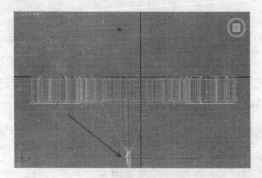

图 8-71

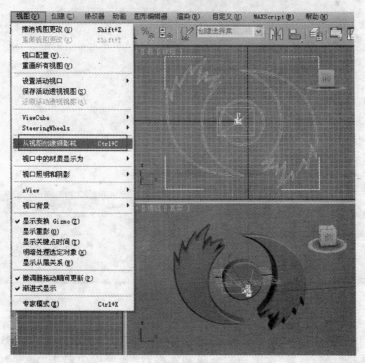

图 8-72

Step 3   在透视图中按 C 键,切换到摄像机视图,如图 8-73 所示。

图   8-73

Step 4   单击工具栏中材质编辑器按钮,打开"材质编辑器"窗口,选择一个缺省材质球,命名材质为 east。单击　Standard　按钮,在弹出的"材质/贴图浏览器"对话框中选择"混合"选项,如图 8-74 所示。单击"确定"按钮,在弹出的对话框中选中"丢弃旧材质"单选按钮,如图 8-75 所示。单击"确定"按钮,关闭对话框。

图   8-74   图   8-75

Step 5   单击材质 1 右侧的按钮,进入第 1 个子材质,在"明暗器基本参数"卷展栏中的下拉列表框中选择"(M)金属"选项,在"金属基本参数"卷展栏中单击"漫反射"右侧的颜色块,在打开的"颜色选择器:漫反射颜色"对话框中设置其参数,如图 8-76 所示。单击"确定"按钮关闭对话框。在"金属基本参数"卷展栏中设置"高光级别"为 100,"光泽度"为 73,如图 8-77 所示。

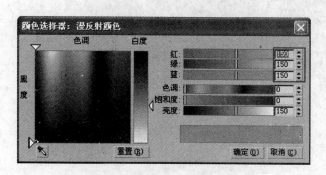

图 8-76

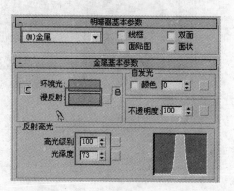

图 8-77

Step 6 单击"贴图"卷展栏中"反射"复选框右侧 None 按钮,在打开的"材质/贴图浏览器"对话框中双击"位图"选项,在弹出的对话框中选择 Sky.jpg 文件,如图 8-78 所示。

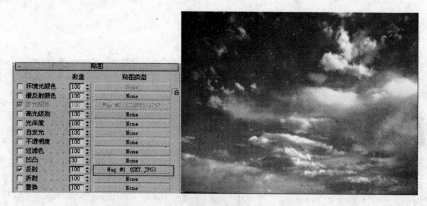

图 8-78

Step 7 单击 按钮返回上一级,在"混合基本参数"卷展栏中单击材质 2 右侧的按钮,进入第 2 个材质,在"明暗器基本参数"卷展栏中的下拉列表框中选择"(M)金属"选项,在"金属基本参数"卷展栏中单击"漫反射"右侧的颜色块,在打开的"颜色选择器:漫反射颜色"对话框中设置其参数,单击"关闭"按钮关闭对话框。在"金属基本参数"卷展栏中将"高光级别"设置为 77,"光泽度"设置为 76,如图 8-79 所示。

Step 8 单击"贴图"卷展栏中"反射"复选框右侧 None 按钮,在打开的"材质/贴图浏览器"对话框中双击"位图"选项,在弹出的对话框中选择 Skysun2.jpg 文件,如图 8-80 所示。

Step 9 单击 按钮返回上一级,在"混合基本参数"卷展栏中单击"遮罩"材质右侧的按钮,进入遮罩材质,单击 Standard 按钮,在弹出的"材质/贴图浏览器"对话框中选择"噪波"选项(如图 8-81 所示),单击"确定"按钮,在"噪波参数"卷展栏中设置参数如图 8-82 所示。

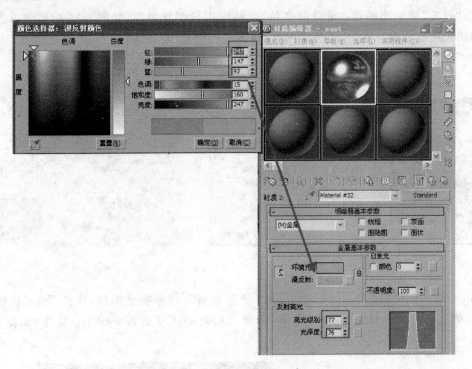

图   8-79

图   8-80

图   8-81

Step 10 在"输出"卷展栏中选中"反转"复选项,设置"输出量"的值为 45,如图 8-83 所示,并将材质赋予给标志。

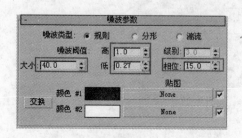

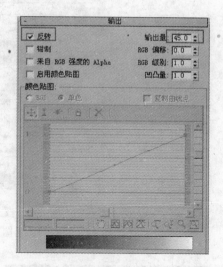

图 8-82　　　　　　　　　　　　图 8-83

提示:反转使噪波贴图颜色反转,即黑变白,白变黑,输出量为 45 的目的是提高两种颜色的对比度,使它们之间边缘变得锐利。

Step 11 场景太暗,需添加泛光灯,单击"创建"面板中的"灯光"按钮 ,在"对象类型"卷展栏中单击 泛光灯 按钮,在顶视图中创建几盏泛光灯,然后单击工具栏中的"选择并移动"按钮,在前视图中调整其位置,如图 8-84 所示。

Step 12 在动画控制区中单击"自动关键点"按钮,启动动画记录模式,进入混合材质的遮罩贴图,在第 0 帧时,在"噪波"卷展栏中设置参数如图 8-85 所示。

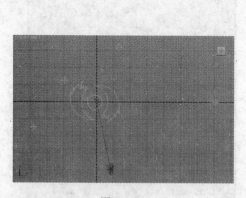

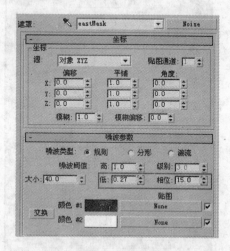

图 8-84　　　　　　　　　　　　图 8-85

Step 13 在第 100 帧时,在"噪波"卷展栏中设置参数如图 8-86 所示。

Step 14 再次单击"自动关键点"按钮,取消动画记录,在第 0 帧时设置是使"噪波"贴图变成全黑,如图 8-87 所示;第 100 帧时设置使"噪波"贴图变成全白,如图 8-88 所示。

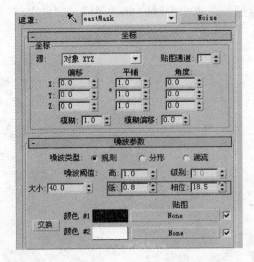

图   8-86

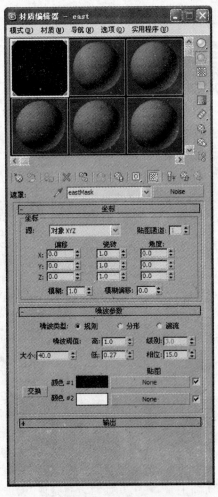

图   8-87

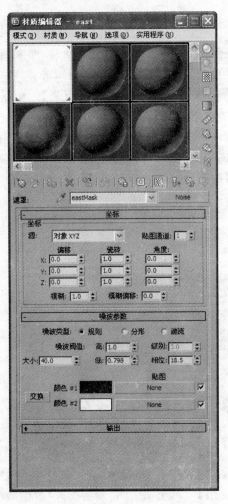

图   8-88

提示：通过"材质编辑器"对话框中的 ⟨按钮可以进行切换，观看当前贴图的效果及材质最终效果。

Step 15 单击主工具栏中的 ⟨按钮，弹出"轨迹视图"窗口，展开"材质编辑器"→east→"遮罩"项，选择"低阈值"选项。"低阈值"开始及结束变化得比较缓慢，而中间变化得比较快，如图 8-89 所示。

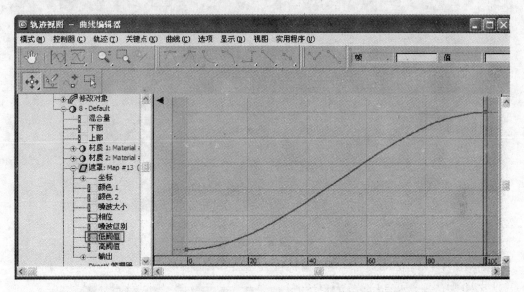

图 8-89

Step 16 选择曲线的左端点，并单击"轨迹视图"窗口工具栏的 ⟨按钮，然后选择曲线右端点，单击"轨迹视图"窗口工具栏的 ⟨按钮，曲线变成直线了，"低阈值"的变化速度为匀速度，如图 8-90 所示。

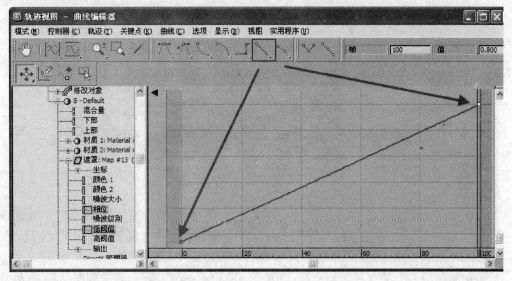

图 8-90

Step 17 设置摄像机动画,单击"自动关键点"按钮,启动动画记录模式,在第 0 帧时,调整摄像机位置如图 8-91 所示。

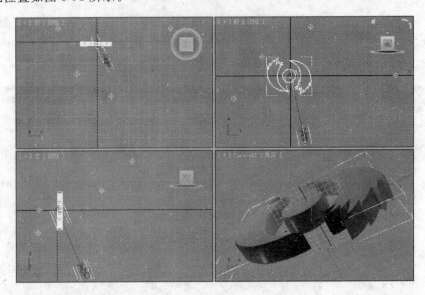

图 8-91

Step 18 在第 100 帧时,调整摄像机位置如图 8-92 所示。

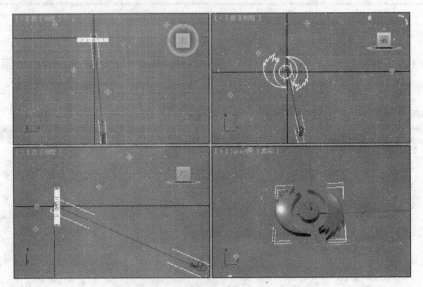

图 8-92

Step 19 选择"渲染"→"环境"命令,在弹出的"环境和效果"对话框中,单击 无 按钮(如图 8-93 所示),打开"材质/贴图浏览器"对话框。在"位图"选项上双击,选取 backgrpund.jpg 文件,如图 8-94 所示。

Step 20 按 F10 键打开渲染面板,设置 0～100 帧的输出范围,效果如图 8-95 所示。

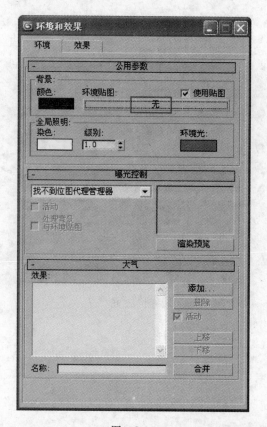

图 8-93

图 8-94

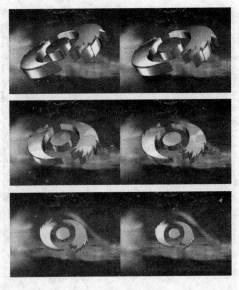

图 8-95

习题 8

1. 简答题

(1) 解释路径约束控制器的主要参数。

(2) 是否可以指定多条样条线作为路径约束控制器的路径？

(3) 如何制作一个对象沿着某条曲线运动的动画？

(4) 实现简单动画的必要操作步骤有哪些？

(5) 轨迹视图的作用是什么？有哪些主要区域？

2. 上机操作

(1) 运用路径约束控制器制作如图 8-96 所示的动画。

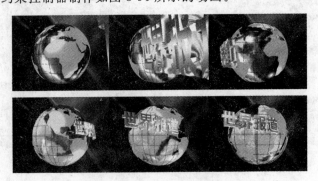

图 8-96

（2）运用轨迹视图及路径约束控制器制作如图 8-97 所示的拍球动画。

图 8-97

第9章
后期合成与渲染

后期合成是指通过 3ds Max 的一系列工具,为场景加放各种特效,如雾效、体积光、背景贴图等。运用这些特效可以为场景增加层次,烘托神秘的气氛,还可以增强画面的感染力,营造热烈气氛。

渲染是根据所指定的材质、灯光、背景、大气等环境设置,将场景中的几何体以实体化的方式显示出来,形成最终的创作结果。渲染场景需要通过渲染对话框创建渲染或使用 Video Post 视频合成器对象进行后期合成。通过渲染帧窗口显示渲染结果,并将它们保存到文件中。

9.1 大气

"大气"是用于创建照明效果的插件组件,包含"火效果"、"雾"、"体积雾"和"体积光"4种大气效果。在菜单栏中选择"渲染"→"环境"命令,弹出"环境和效果"窗口,如图 9-1 所示。然后在"大气"面板中单击 添加... 按钮,即可弹出"添加大气效果"窗口,如图所示。大气效果只在摄影机视图或透视图中会被渲染,在正交视图或用户视图中不会被渲染。

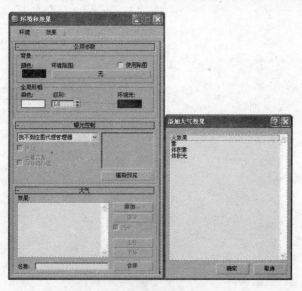

图 9-1

（1）雾：提供雾和烟雾的大气效果，使对象随着与摄影机距离的增加逐渐褪光，或提供分层雾效果，使所有对象或部分对象雾笼罩，其效果如图 9-2 所示。

（2）体积雾：提供体雾效果，雾密度在 3D 空间中不是恒定的，如吹动的动状雾效果，如图 9-3 所示。

图　9-2　　　　　　　　　　　　　　　　　图　9-3

（3）火效果：使用"火效果"可以生成动画的火焰、烟雾和爆炸效果。可能的火效果用法包括篝火、火炬、火球、烟云和星云，但必须以大气装置为依托才能产生效果，其效果如图 9-4 所示。

（4）体积光：根据灯光与大气（雾、烟雾等）的相互作用提供灯光效果。此插件提供泛光灯的径向光晕、聚光灯的锥形光晕和平行光雾光束等效果。如果使用阴影贴图作为阴影生成器，则体积光中的对象可以在聚光灯的锥形中投射阴影，其效果如图 9-5 所示。

图　9-4　　　　　　　　　　　　　　　　　图　9-5

下面举例说明如何创建体积雾效果。

Step 1　选择"文件"→"打开"命令，打开"体积雾.max"素材文件，如图 9-6 所示。

Step 2　选择"渲染"→"环境"命令，在弹出的"环境和效果"对话框的"大气"卷展栏中单击"添加"按钮，在弹出的"添加大气效果"对话框中选择"体积雾"选项，如图 9-7 所示，然后单击"确定"按钮。

Step 3　按 F9 键，渲染摄像机视图，效果如图 9-8 所示。

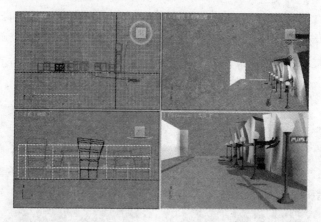

图 9-6

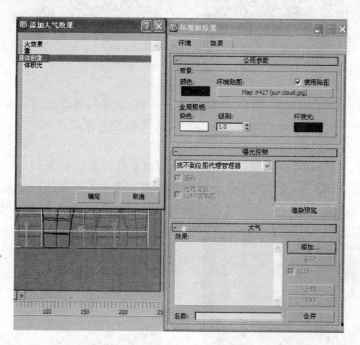

图 9-7

图 9-8

Step 4 在"创建"面板中单击 按钮,在其下方的下拉列表框中选择"大气装置"选项,在"对象类型"卷展栏中单击 长方体 Gizmo 按钮,在顶视图中创建大气长方体,并将其调整大气长方体位置,如图 9-9 所示。

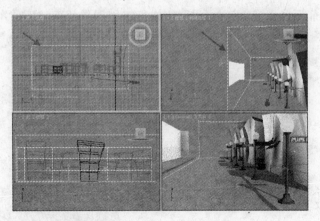

图 9-9

Step 5 选择"渲染"→"环境"命令,在弹出的"环境和效果"窗口中,在"大气"卷展栏中选择"体积雾",然后在"体积雾参数"卷展栏中单击 拾取 Gizmo 按钮,如图 9-10 所示,拾取前面创建的大气长方体。

Step 6 按 F9 键,渲染摄像机视图,效果如图 9-11 所示。

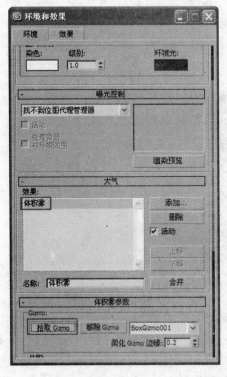

图 9-10

图 9-11

9.2 效果

使用"效果"功能可以指定渲染效果插件,进行应用图像处理但不使用 Video Post 视频合成器,将各种效果直接以交互方式调整和查看,操作起来更加灵活并易于控制。选择菜单栏中的"渲染"→"效果"命令,弹出"环境和效果"对话框,如图 9-12 所示。单击"效果"卷展栏右侧的 添加... 按钮,弹出"添加效果"对话框,如图 9-13 所示。

下面对 3ds Max 提供的 9 种渲染效果的作用分别进行简单的介绍。

(1) Hair 和 Fur:更直接地设置渲染头发的方式。通常不需要更改渲染效果参数。在应用"头发和毛发"修改器时,毛发渲染效果会自动添加到场景中。

(2) 镜头效果:用于创建真实效果(通常与摄影机关联)的系统,包括光晕、光环、射线、自动二级光斑、星形和条纹,其效果如图 9-14 所示。

图　9-13

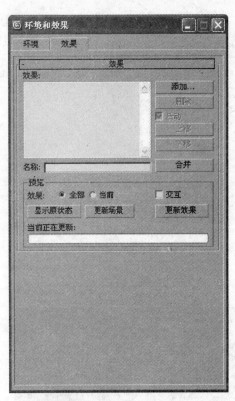

图　9-12

图　9-14

(3) 模糊:可以通过三种不同的方法使图像变模糊:均匀型、方向型和放射型。模糊效果根据"像素选择"卷展栏中所作的选择应用于各种像素。可以使整个图像变得模糊,使非背景场景元素变模糊,按亮度值使图像变模糊,或使用贴图遮罩使图像变模糊。模糊效果通过渲染对象或摄影机移动的幻影,提高动画的真实感。

（4）亮度和对比度：可调整图像的对比度和亮度，可以用于将渲染场景对象与背景图像或动画进行匹配。

（5）色彩平衡：可通过独立控制 RGB 通道控制相加/相减颜色。

（6）文件输出：可根据"文件输出"在"渲染效果"堆栈中的位置，在应用部分或所有其他渲染效果之前，获取渲染的"快照"。在渲染动画时，可以将不同的通道（亮度、深度或Alpha）保存到独立的文件中。也可以使用"文件输出"将 RGB 图像转换为不同的通道，并将该图像通道发回"渲染效果"堆栈，然后再将其他效果应用于该通道。

（7）景深：景深效果拟在通过摄像机镜头观看时，前景和背景的场景元素的自然模糊。景深的工作原理是，将场景沿 Z 轴次序分为前景、背景和焦点图像。然后根据在景深效果参数中设置的值使前景图像模糊，最终的图像由经过处理的原始图像合成。

（8）胶片颗粒：用于在渲染场景中重新创建胶片颗粒的效果。使用"胶片颗粒"还可以将作为背景使用的源材质中（如 AVI）的胶片颗粒与在软件中创建的渲染场景匹配。应用胶片颗粒时，将自动随机创建移动帧的效果。

（9）运动模糊：使移动的对象或整个场景变模糊，将图像运动模糊应用于渲染场景。运动模糊通过模拟实际摄像机的工作方式，可以增强渲染动画的真实感。摄影机有快门速度，如果场景中的物体或摄像机本身在快门打开时发生了明显移动，胶片上图像将变模糊，其效果如图 9-15 所示。

图 9-15

9.3 Video Post 视频合成器

Video Post 视频合成器是 3ds Max 中一个独立的组成部分，可提供不同类型事件的合成渲染输出，包括当前场景、位图图像、图像处理功能等。在 Video Post 视频合成器中，可以为图像增加特效处理，如星空、光晕、镜头特效等。

9.3.1 Video Post 队列

Video Post 队列提供要合成的图像、场景和事件的层级列表。

Video Post 对话框中的 Video Post 队列类似于"轨迹视图"和"材质编辑器"中的其他

层级列表。在 Video Post 中,列表项为图像、场景、动画或一起构成队列的外部过程。这些队列中的项目被称为事件。

事件在队列中出现的顺序(从上到下)是执行它们时的顺序。因此,要正确合成一个图像,背景位图必须显示在覆盖它的图像之前或之上。

队列中始终至少有一项(标为"队列"的占位符)。它是队列的父事件。

队列可以是线性的,但是某些类型的事件会合并其他事件并成为其父事件,如图 9-16 所示。

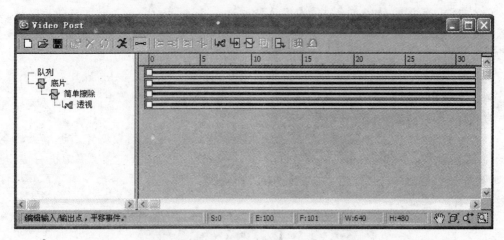

图   9-16

9.3.2 Video Post 工具栏

Video Post 工具栏包含的工具用于处理 Video Post 文件(VPX 文件)、管理显示在 Video Post 队列和事件轨迹区域中的单个事件,如图 9-17 所示。

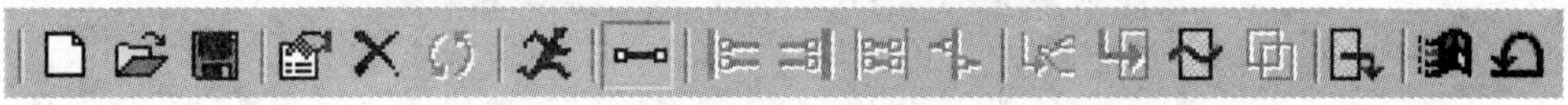

图   9-17

(1) 新建序列:通过清除队列中的现有事件,"新建序列"按钮可创建新 Video Post 序列。

(2) 打开序列:"打开序列"按钮可打开存储在磁盘上的 Video Post 序列。

(3) 保存序列:"保存序列"按钮可将当前 Video Post 序列保存到磁盘。

(4) 编辑当前事件:"编辑当前事件"按钮会显示一个对话框,用于编辑选定事件的属性。该对话框取决于选定事件的类型。编辑对话框中的控件与用于添加事件类型的对话框中的控件相同。

(5) 删除当前事件:"删除当前事件"按钮会删除 Video Post 队列中的选定事件。

(6) 交换事件:"交换事件"按钮可切换队列中两个选定事件的位置。

(7) 执行序列:执行 Video Post 队列作为创建后期制作视频的最后一步。执行与渲染有所不同,因为渲染只用于场景,但是可以使用 Video Post 合成图像和动画而无需包括当前的 3ds Max 场景。

（8）配置预设：如果使用执行序的自定义格式，可更改任何预设分辨率按钮的值，方法是右击该按钮。

（9）编辑范围栏："编辑范围栏"为显示在事件轨迹区域的范围栏提供编辑功能。

（10）将选定项靠左对齐："将选定项靠左对齐"按钮向左对齐两个或多个选定范围栏。

（11）将选定项靠右对齐："将选定项靠右对齐"按钮向右对齐两个或多个选定范围栏。

（12）使选定项大小相同："使选定项大小相同"按钮使所有选定的事件与当前的事件大小相同。

（13）关于选定项："关于选定项"按钮将选定的事件端对端连接，这样一个事件结束时，下一个事件开始。

（14）添加场景事件："添加场景事件"按钮将选定摄影机视口中的场景添加至队列。"场景"事件是当前 3ds Max 场景的视图。可选择显示哪个视图，以及如何同步最终视频与场景。正如"图像输入"事件，"场景"事件将图像放置在队列中，但是"场景"事件为当前 3ds Max 场景，而且必须在执行 Video Post 队列时进行渲染。使用下面列出的附加选项，将此场景渲染为如同通过扫描线渲染器渲染的效果。所得的场景图像带有 Alpha 通道。

（15）添加图像输入事件："添加图像输入事件"将静止或移动的图像添加至场景。"图像输入"事件将图像放置到队列中，但不同于"场景"事件，该图像是一个事先保存过的文件或设备生成的图像。

（16）添加图像过滤器事件："添加图像过滤器事件"提供图像和场景的图像处理。

（17）添加图像层事件："添加图像层事件"添加合成插件来分层队列中选定的图像。

（18）添加图像输出事件："添加图像输出事件"提供用于编辑输出图像事件的控件。

（19）添加外部事件："外部"事件通常是执行图像处理的程序。它还可以是希望在队列中特定点处运行的批处理文件或工具，也可以是从 Windows 剪贴板传输图像或将图像传输到 Windows 剪贴板的方法。

（20）添加循环事件：循环事件导致其他事件随时间在视频输出中重复控制排序，但是不执行图像处理。

视频合成器工具栏在 Video Post 视窗的上面，由不同的功能按钮组成，用于编辑图像和动画的事件。

9.4　经典案例

9.4.1　火特效制作

本案例通过制作火特效动画，介绍"大气装置"命令的使用及其参数的设置。

Step 1　选择"文件"→"打开"命令，打开"火特效.max"素材文件，如图 9-18 所示。

Step 2　在创建面板中单击创建面板中的 按钮，在其下方的下拉列表框中选择"大气装置"选项。单击 球体 Gizmo 按钮，在顶视图中创建大气球体，如图 9-19 所示。

Step 3　进入修改面板，在"球体参数"卷展栏中选中"半球"选项，设置半径大小为 27，如图 9-20 所示，并用移动工具将其移动到如图 9-21 所示的位置。

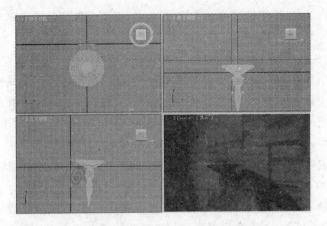

图　9-18

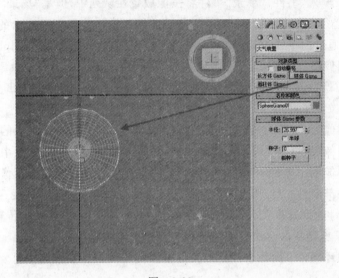

图　9-19

图　9-20

图　9-21

Step 4　在主工具栏中单击  按钮,在前视图中沿 Y 轴方向放缩半球大小,如图 9-22 所示。

Step 5　进入修改面板,在"大气和效果"卷展栏中单击 添加 按钮,如图 9-23 所示。在弹出的"添加大气"对话框中选择"火效果"选项,单击"确定"按钮,添加火效果,如图 9-24 所示。

Step 6　渲染摄像机视图,效果如图 9-25 所示。

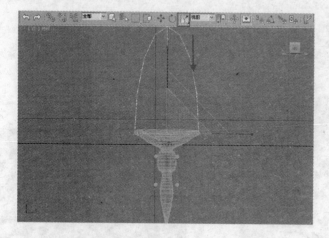

图　9-22

图　9-23

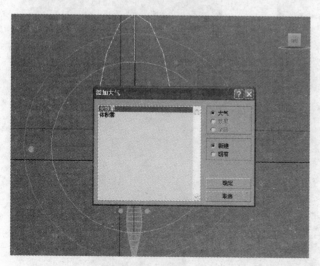

图　9-24

图　9-25

Step 7　在"大气和效果"卷展栏中,单击 设置 按钮,弹出"环境和效果"对话框,在"火效果参数"卷展栏中设置"火焰大小"为 15,"密度"为 36,如图 9-26 所示。渲染摄像机视图,效果如图 9-27 所示。

Step 8　火焰在墙壁上没有阴影,在视图中选取"目标聚光灯",如图 9-28 所示,进入修改面板中,在"阴影参数"卷展栏中选中"大气阴影"复选框,并设置"启用不透明度"、"颜色值"分别为 50,如图 9-29 所示。渲染摄像机视图,效果如图 9-30 所示。

图 9-26

图 9-27

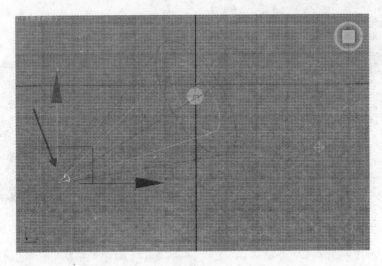

图 9-28

Step 9 设置火焰漂移动画。单击"自动关键点"按钮,启动动画记录模式,在第 0 帧时, 分别设置"相位"和"漂移"值为 0,如图 9-31 所示。

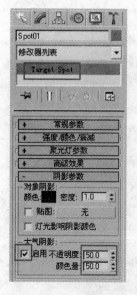

图 9-29

图 9-30

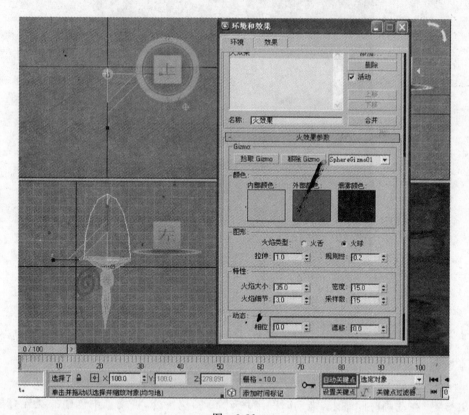

图 9-31

Step 10 在第 100 帧时，分别设置"相位"为 200 和"漂移"值为 300，按 F10 键打开渲染面板，设置 0～100 帧的输出范围，效果如图 9-32 所示。

图 9-32

9.4.2 镜头光斑效果制作

本案例通过制作星球光照效果,学习"镜头效果光斑"的参数设置方法。

Step 1 选择"文件"→"打开"命令,打开"星球.max"素材文件,如图9-33所示。

Step 2 在动画时间轴上,拖动时间滑块至80帧位置处,将场景中创建的泛光灯显示出来,如图9-34所示。

Step 3 按Shift+Q组合键,快速渲染摄像机视图,效果如图9-35所示。

Step 4 在视图中选取Sun,右击,在弹出的菜单栏中选取"对象属性"选项,在弹出的"对象属性"面板中设置"对象ID"为1,如图9-36所示。

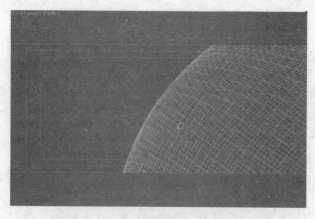

图　9-33

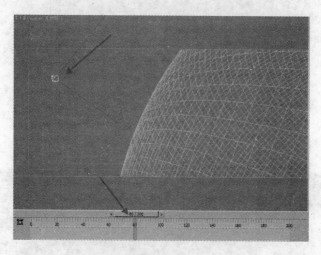

图　9-34

图　9-35

Step 5　选择"渲染"→Video Post 命令,在弹出的 Video Post 窗口中单击 按钮,弹出"添加场景事件"对话框,在其下拉列表框中选择 Camera01 选项,如图 9-37 所示。

Step 6　单击"确定"按钮,在 Video Post 窗口中,单击 按钮,弹出"添加图像过滤事件"对话框,在"过滤器插件"选项区下方的下拉列表框中选择"镜头效果光斑"选项,如图 9-38 所示。

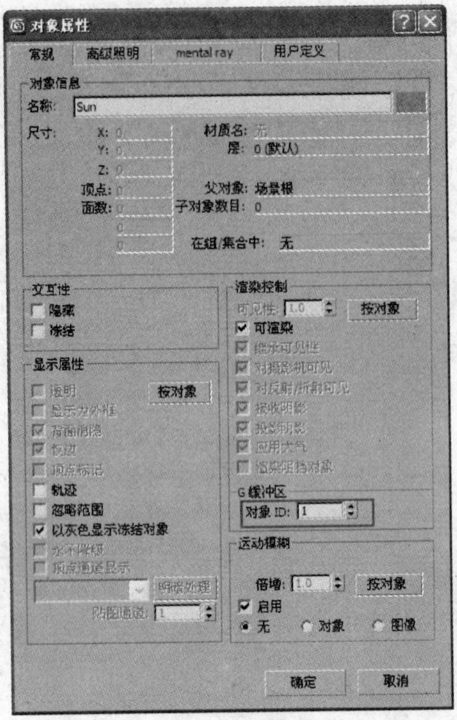

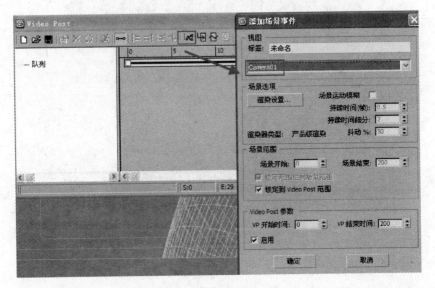

图　9-36

图　9-37

Step 7　单击"确定"按钮,在 Video Post 窗口中的右侧双击"镜头效果光斑"选项,弹出"编辑过滤器事件"对话框,单击 [设置...] 按钮(如图所示),弹出"镜头效果高光"对话框,如图 9-39 所示。

Step 8　在"镜头效果光斑"对话框分别单击"预览"、"VP 队列"按钮,如图 9-40 所示。

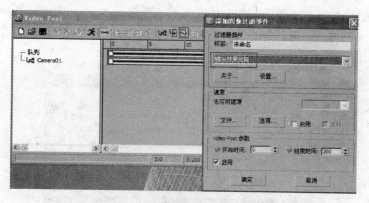

图 9-38

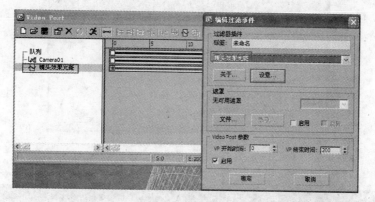

图 9-39

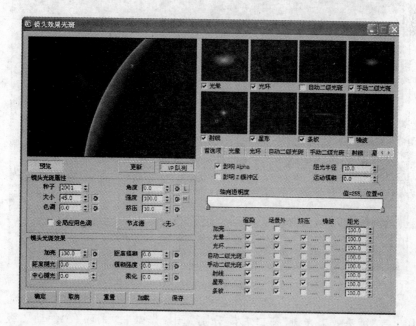

图 9-40

Step 9　在"镜头效果光斑"对话框中单击 <kbd>节点源</kbd> 按钮,在弹出的"选择光斑对象"对话框中选择 Sun 项,如图 9-41 所示。单击"确定"按钮,然后在"镜头效果光斑"对话框中单击"更新"按钮,效果如图 9-42 所示。

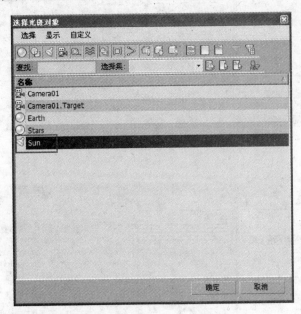

图　9-41

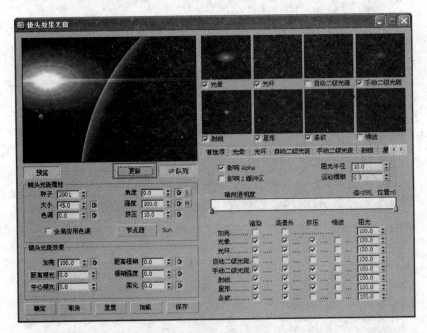

图　9-42

Step 10　在"镜头效果光斑"窗口右侧分别选中"光晕"、"光环"、"手动二级光斑"、"射线"、"星形"、"条形"复选框,如图 9-43 所示。

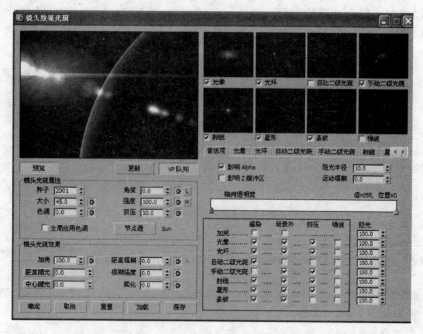

图 9-43

Step 11 单击"确定"按钮,在 Video Post 窗口中单击 按钮,在弹出的"添加图像输出事件"对话框中单击 文件... 按钮,设置文件保存类型为 AVI,如图 9-44 所示。依次单击"保存"、"确定"按钮。

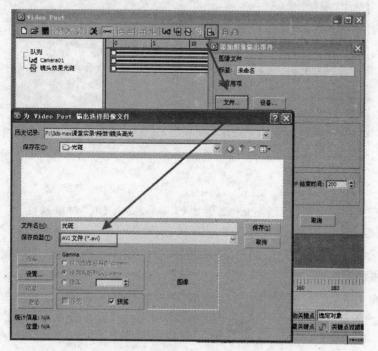

图 9-44

Step 12 在视频合成器的空白处单击以取消选择,然后在 Video Post 面板中,单击 ![按钮] 按钮,渲染 Camera01 视图效果如图 9-45 所示。

图 9-45

9.4.3 镜头高光效果制作

本案例运用 Video Post 视频合成器为钻戒添加"镜头效果高光"特效,学习"镜头效果高光"的设置方法。

Step 1 选择"文件"→"打开"命令,打开"星空.max"素材文件,如图 9-46 所示。

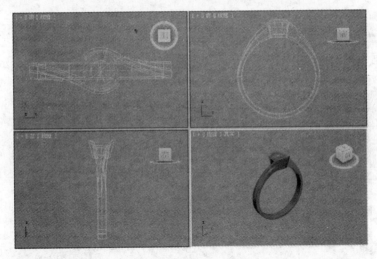

图 9-46

Step 2 在视图中选取钻石,右击,在弹出的菜单栏中选取"对象属性"选项,在弹出的"对象属性"面板中设置"对象 ID"为 1,如图 9-47 所示。

Step 3 选择"渲染"→Video Post 命令,在弹出的 Video Post 窗口中单击 ![按钮] 按钮,弹出"添加场景事件"对话框,在其下拉列表框中选择"透视"选项,如图 9-48 所示。

Step 4 单击"确定"按钮,在 Video Post 窗口中,单击 ![按钮] 按钮,弹出"添加图像过滤事件"对话框,在"过滤器插件"选项区下方的下拉列表框中选择"镜头效果高光"选项,如图 9-49 所示。

Step 5 单击"确定"按钮,在 Video Post 窗口中的右侧双击"镜头效果高光"选项,弹出

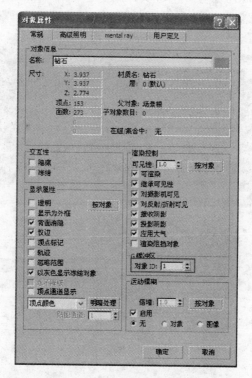

图 9-47

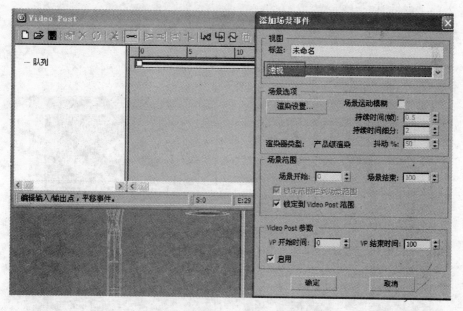

图 9-48

"编辑过滤事件"对话框,单击 设置... 按钮,如图 9-50 所示。弹出"镜头效果高光"对话框,如图 9-51 所示。

Step 6 在"镜头效果高光"对话框分别单击"预览"、"VP 队列"按钮,如图 9-52 所示。

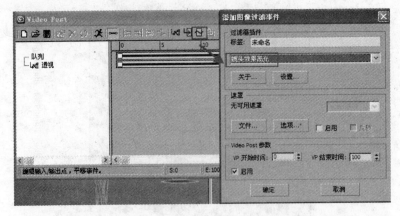

图 9-49

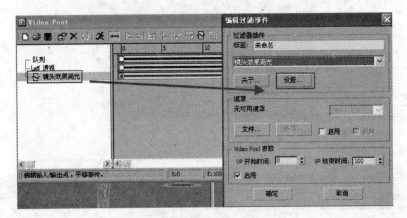

图 9-50

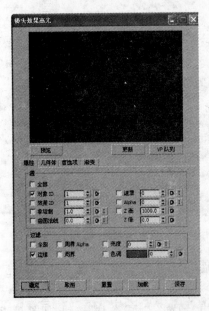

图 9-51   图 9-52

Step 7　单击"确定"按钮,在 Video Post 窗口中单击 按钮,在弹出的"添加图像输出事件"对话框中单击 文件... 按钮,设置文件保存类型为 JPEG,如图 9-53 所示。依次单击"保存"、"确定"按钮。

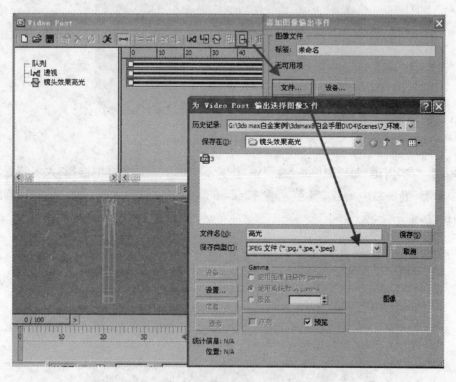

图　9-53

Step 8　在视频合成器的空白处单击以取消选择,然后在 Video Post 面板中,单击 按钮,渲染 Camera01 视图效果如图 9-54 所示。

图　9-54

9.4.4　燃烧星球效果制作

通过本案例学习掌握"火特效"和"镜头效果光晕"的参数设置方法。

Step 1　选择"文件"→"打开"命令,打开"星球.max"素材文件,如图 9-55 所示。

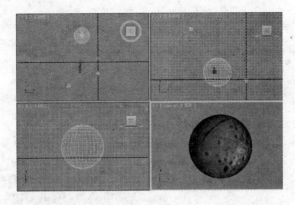

图 9-55

Step 2 在"创建"面板中单击 ▣ 按钮,在其下方的下拉列表框中选择"大气装置"选项,在"对象类型"卷展栏中单击 **球体 Gizmo** 按钮,在顶视图中创建大气球体,并将其调整至星球中心位置,如图 9-56 所示。

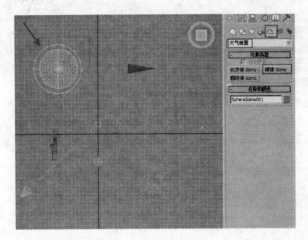

图 9-56

Step 3 打开"修改"面板,在"大气和效果"卷展栏中单击 **添加** 按钮,在弹出的"添加大气"对话框中选择"火效果"选项,如图 9-57 所示。单击"确定"按钮,添加火效果。

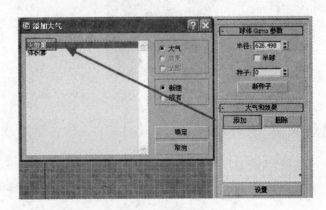

图 9-57

Step 4　在"大气和效果"卷展栏中，单击 设置 按钮，弹出"环境和效果"对话框，在"火效果参数"卷展栏中设置参数，如图9-58所示。渲染摄像机视图，效果如图9-59所示。

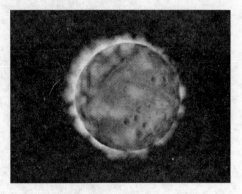

图　9-58　　　　　　　　　　　　　　　　　　图　9-59

Step 5　设置火焰漂移动画。在动画控制区中单击"自动关键点"按钮，启动动画记录模式，在第0帧时，分别设置"相位"和"漂移"值为0，在第100帧处，分别设置"相位"为100和"漂移"值为220，如图9-60所示。

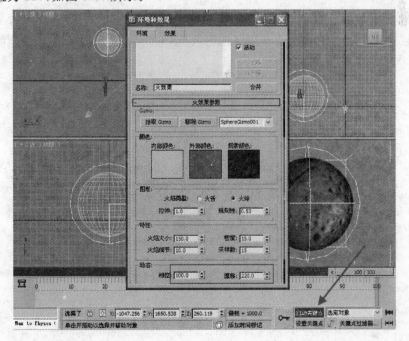

图　9-60

Step 6　在视图中选取星球,右击,在弹出的快捷菜单中选取"对象属性"选项,在弹出的"对象属性"面板中设置"对象ID"为1,单击"确定"按钮,如图9-61所示。

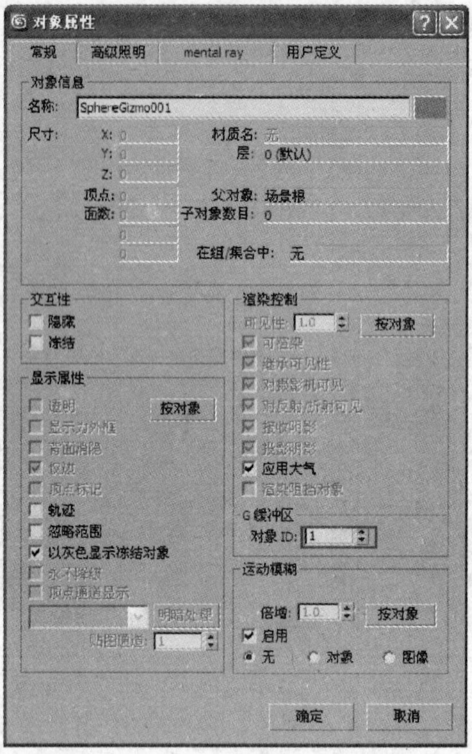

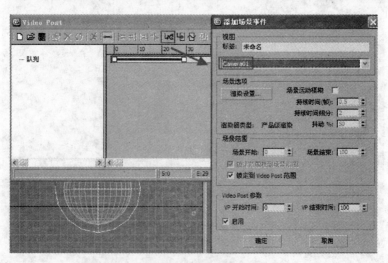

图　9-61

Step 7　选择"渲染"→Video Post命令,在弹出的Video Post窗口中单击 按钮,弹出"添加场景事件"对话框,在其下拉列表框中选择Camera01选项,如图9-62所示。

图　9-62

Step 8 单击"确定"按钮,在 Video Post 窗口中,单击 按钮,弹出"添加图像过滤事件"对话框,在"过滤器插件"选项区下方的下拉列表框中选择"镜头效果光晕"选项,如图 9-63所示。

图 9-63

Step 9 单击"确定"按钮,在 Video Post 窗口中的右侧双击"镜头效果光晕"选项,弹出"编辑过滤事件"对话框,单击 设置... 按钮,如图 9-64 所示,弹出"镜头效果光晕"对话框,如图 9-65 所示。

图 9-64

Step 10 在"镜头效果光晕"窗口分别单击"预览"、"VP 队列"按钮,如图 9-66 所示。

Step 11 在"镜头效果光晕"对话框中,切换至"属性"选项卡,在"过滤"选项区中选中"边缘"复选框,如图 9-67 所示。切换至"首选项"选项卡,在"效果"选项区中设置"大小"为 1(如图 9-68 所示),单击"确定"按钮。

Step 12 单击"确定"按钮,在 Video Post 窗口中单击 按钮,在弹出的"添加图像输出事件"对话框中单击 文件... 按钮,设置文件保存类型为 AVI(如图 9-69 所示),依次单击"保存"、"确定"按钮。

Step 13 在视频合成器的空白处单击以取消选择,然后在 Video Post 面板中,单击 按钮,渲染 Camera01 视图效果如图 9-70 所示。

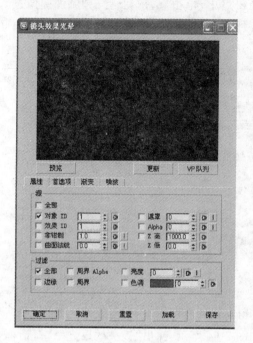

图 9-65

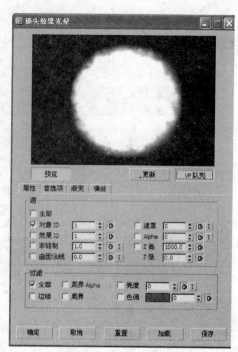

图 9-66

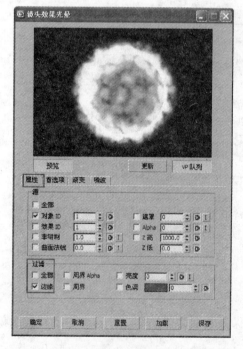

图 9-67

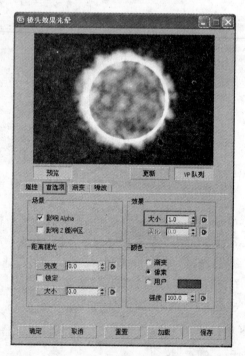

图 9-68

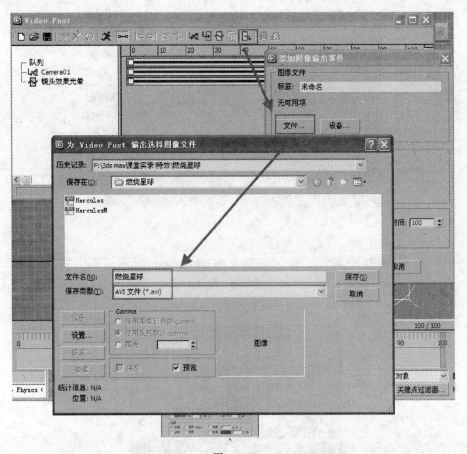

图 9-69

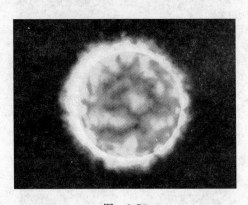

图 9-70

9.4.5 热点追踪动画制作

通过本案例制作,学习使用"超级喷射"粒子、"路径约束"、"镜头效果光晕"的设置方法。

Step 1 选择"文件"→"打开"命令,打开"热点追踪.max"素材文件,如图 9-71 所示。

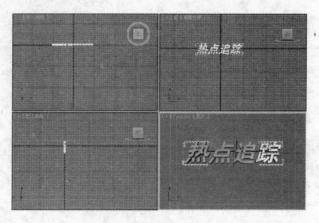

图 9-71

Step 2 选择"渲染"→"环境"命令,在弹出的"环境和效果"对话框中单击 无 按钮,见图 9-72,打开"材质/贴图浏览器"对话框,在"位图"选项上双击,选取 Space008. TIF 文件,如图 9-73 所示。

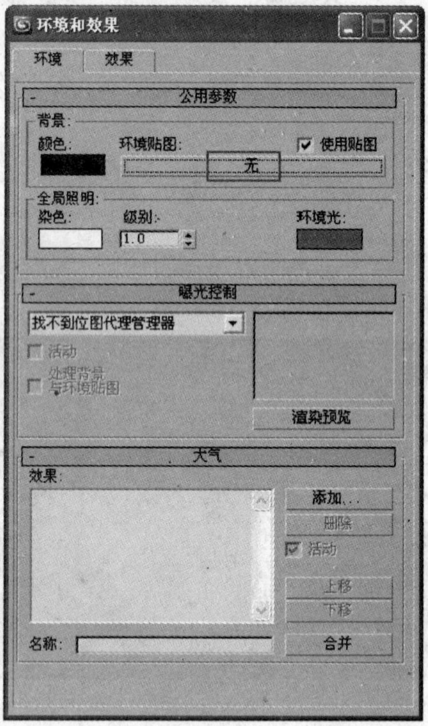

图 9-72

Step 3 单击创建面板中的图形 按钮,在"对象类型"卷展栏中单击 线 按钮,在顶视图中从下往上绘制如图 9-74 所示的曲线。

Step 4 打开"修改"面板,在"选择"卷展栏中单击 按钮,单击主工具栏中的"选择并移动"按钮,在各视图中对曲线进行调整,完成一条三维空间的圆滑路径,如图 9-75 所示。

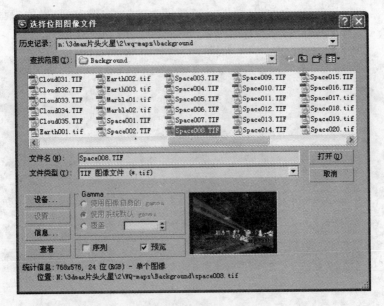

图 9-73

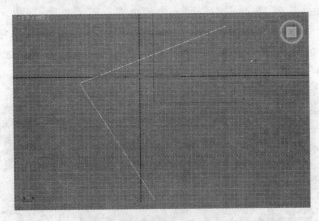

图 9-74

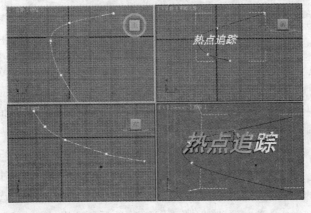

图 9-75

Step 5　激活顶视图,选取曲线,单击主工具栏中的 ◫ 按钮,在弹出的"镜像"对话框中设置相应参数,如图 9-76 所示。然后再调整镜像曲线,效果如图 9-77 所示。

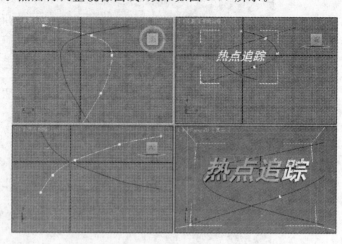

图　9-76　　　　　　　　　　　　　　　　　图　9-77

Step 6　单击"创建"面板中的 ▒ 按钮,在其下方的下拉列表框中选择"粒子系统"选项。单击 超级喷射 按钮,在前图中创建一个超级喷射粒子系统,如图 9-78 所示。

Step 7　打开"修改"面板在"基本参数"卷展栏中设置"轴偏离"扩散值为 8,"平面偏离"扩散值为 90,如图 9-79 所示。拖动时间滑块产生圆锥状的粒子流效果如图 9-80 所示。

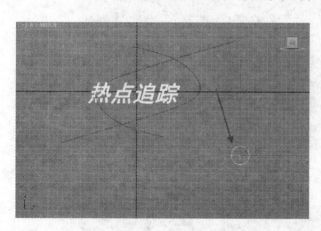

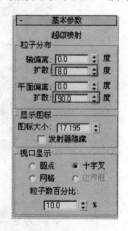

图　9-78　　　　　　　　　　　　　　　　　图　9-79

Step 8　在"粒子生成"卷展栏中设置"粒子数量"选项为"使用总数",数量值为 4000,"粒子运动"速度值为 8,"发射开始"值为-100,"发射停止"值为 150,"显示时限"值为 150,"寿命"值为 25,其"变化"值为 15,"粒子大小"值为 2,"粒子大小"变化值为 30,"增长耗时"值为 5,如图 9-81 所示。

Step 9　在"粒子类型"卷展栏中设置"标准粒子"为"六角形"如图 9-82 所示。

Step 10　单击工具栏中的"材质编辑器"按钮,打开"材质编辑器"对话框,在"明暗器基本参数"卷展栏中的下拉列表框中选择"(M)金属"选项,设置"自发光"选项区"颜色"右侧的数值框中输入 100;在"扩展参数"卷展栏中"类型"选项下方选中"过滤"单选按钮,并设置其

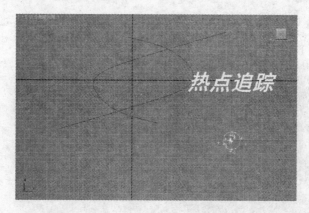

图 9-80

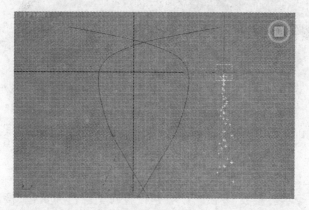

图 9-81

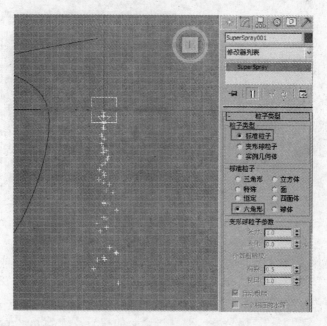

图 9-82

颜色为白色,在"衰减"选项下方选中"外"单选按钮,设置数量值为 100,如图 9-83 所示。

Step 11 单击"贴图"卷展栏中"漫反射颜色"复选框右侧 None 按钮,在打开的"材质/贴图浏览器"对话框中双击"粒子年龄"选项,进入"粒子年龄参数"卷展栏,如图 9-84 所示。

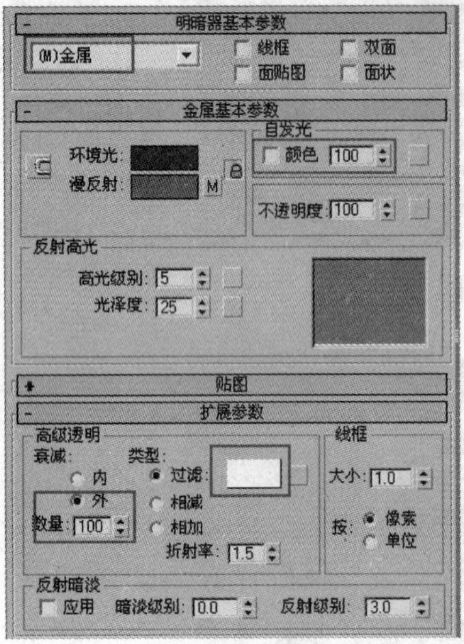

图 9-83 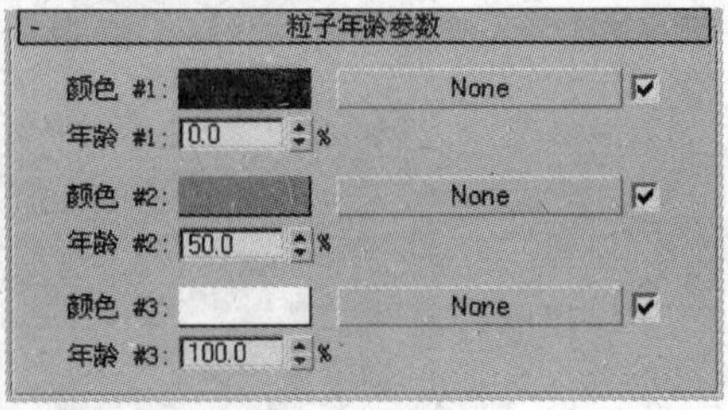   图 9-84

Step 12 在"粒子年龄参数"卷展栏中分别设置粒子颜色为黄色、橘黄色、红色,然后将材质赋予粒子,如图 9-85 所示。

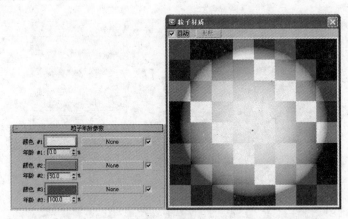

图 9-85

Step 13 在视图中选取粒子,单击鼠标右键,在弹出的快捷菜单中选取"对象属性"选项,弹出"对象属性"对话框,在"G 缓冲区"选项区中设置"对象 ID"为 1,在"运动模糊"选项区中设置"倍增"值为 1,如图 9-86 所示。

Step 14 选择"编辑"→"克隆"命令,建立一个新的粒子系统 Super Spray02,确认它为当前选择,选择"动画"→"约束"→"路径约束"命令,添加一个路径约束控制器,如图 9-87 所示。

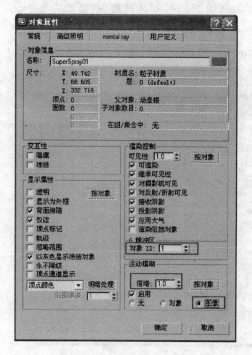

图 9-86

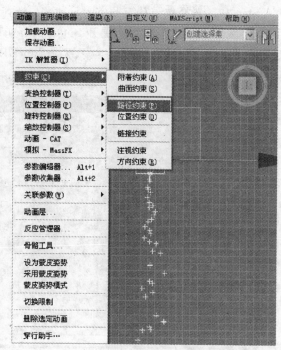

图 9-87

Step 15 在当前视图中单击曲线 Line02,拾取路径约束,打开"修改"面板,在"路径参数"卷展栏中分别选中"跟随"、"恒定速度"复选框,在"轴"选项区中选中 Y 单选按钮,如图 9-88 所示。

Step 16 选取另一粒子系统,用相同方法,将它置在另一条运动路径上,如图 9-89 所示。

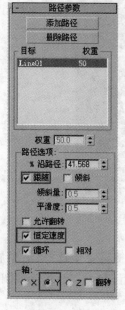

图 9-88

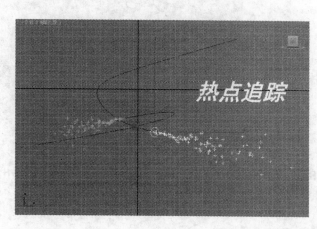

图 9-89

Step 17   选择粒子系统 Super Spray01,选择"图形编辑器"→"轨迹视图-摄像表"命令,在"轨迹视图-摄像表"窗口中,展开 Super Spray01→"变换"→"位置"→"百分比"项目,将其右侧键点移到 100 帧处,同样将粒子系统 Super Spray02 右侧键点移到 100 帧处,如图 9-90 所示。

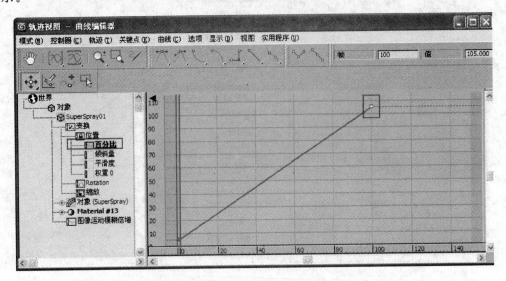

图   9-90

Step 18   选择"热点追踪"文字,将滑块移动到 90 帧,在滑块上右击,在弹出的对话框中仅选中"位置"复选框,单击"确定"按钮,在此处加入一个位置关键帧,然后将时间滑块滑到 80 帧处,单击"自动关键点"按钮,启动动画记录模式,将"热点追踪"文字右移,正好放置在摄像机视图中看到的位置,如图 9-91 所示。

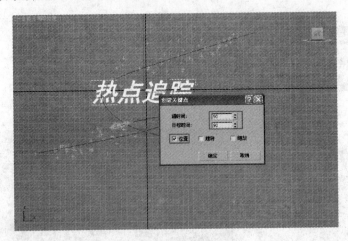

图   9-91

Step 19   在视图中选取"热点追踪"文字,右击,在弹出的快捷菜单中选择"对象属性"选项,在弹出的"对象属性"对话框中的"运动模糊"选项区中设置"倍增"值为 2,如图 9-92 所示。

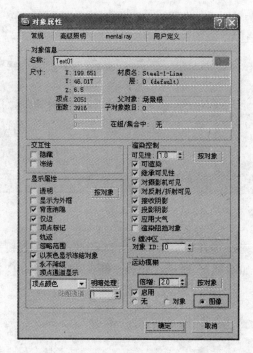

图 9-92

Step 20 选择"渲染"→Video Post 命令，在弹出的 Video Post 窗口中单击 ▣ 按钮，在弹出的"添加场景事件"对话框中设置相应参数，如图 9-93 所示。

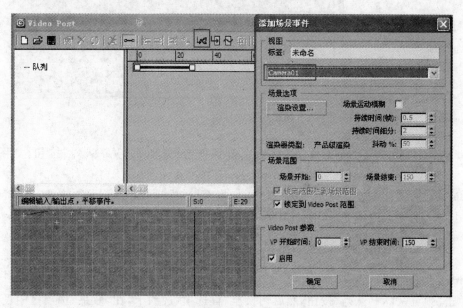

图 9-93

Step 21 单击"确定"按钮，在 Video Post 面板中，单击 ▣ 按钮，在"添加图像过滤事件"面板中选取"镜头效果光晕"选项，如图 9-94 所示。

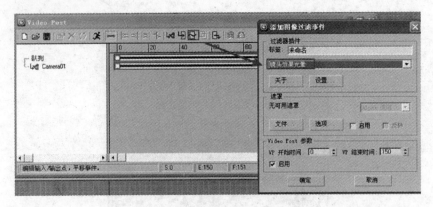

图　9-94

Step 22　单击"确定"按钮,在 Video Post 窗口中右侧双击"镜头效果光晕"选项,弹出"编辑过滤事件"对话框,如图 9-95 所示。单击 设置… 按钮,弹出"镜头效果光晕"窗口,如图 9-96 所示。

图　9-95

Step 23　在"镜头效果光晕"对话框中分别单击"预览"、"VP 队列"按钮,如图 9-97 所示。

Step 24　在"镜头效果光晕"对话框中,切换至"首选项"选项卡,在"效果"选项区中设置"大小"值为 1.2,在"颜色"选项区中选择"用户"单选按钮,将其右侧的颜色设置为红色(RGB 参数值分别为 255,79,0),将"强度"值设置为 32,单击"更新"按钮,效果如图 9-98 所示。

Step 25　参照前面方法添加第二个"镜头效果光晕"效果,在"镜头效果光晕"对话框中分别单击"预览"、"VP 队列"按钮,然后切换至"首选项"选项卡,在"效果"选项区中设置"大小"值为 3,在"颜色"选项区中选择"渐变"单选按钮,单击"更新"按钮,效果如图 9-99 所示。

Step 26　单击"渐变"选项卡,设置"径向颜色"选项左侧色标 RGB 颜色值(255,255,0),右侧色标 RGB 颜色值(255,47,0),在偏左侧位置处添加一个色标,色标 RGB 颜色值(255,40,0),单击"更新"按钮,效果如图 9-100 所示。

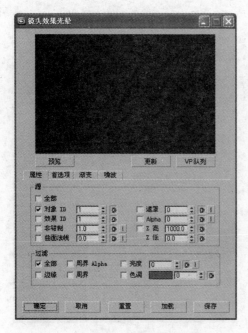

图 9-96

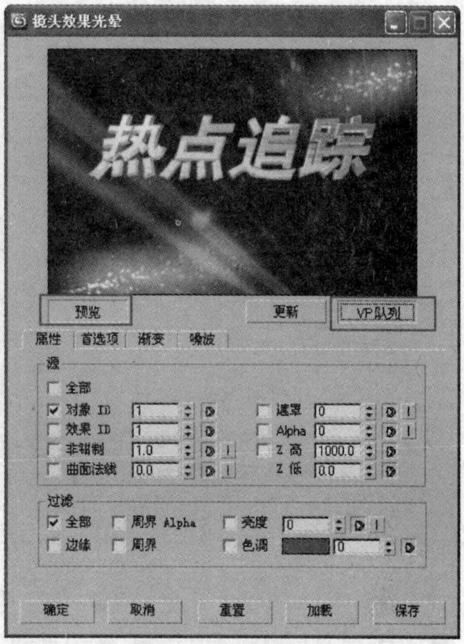

图 9-97

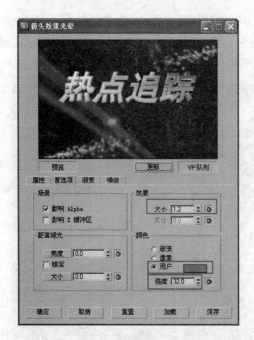

图 9-98

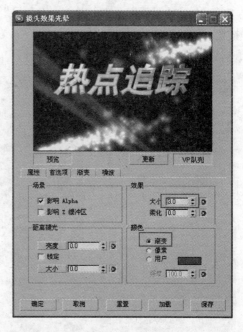

图 9-99

Step 27 单击"噪波"选项卡,在"设置"选项区中设置"运动"为0,分别选中"红"、"绿"、"蓝"复选框,在"参数"选项区中设置"大小"值为20,"偏移"值设置60,"边缘"值设置为0,如图9-101所示。

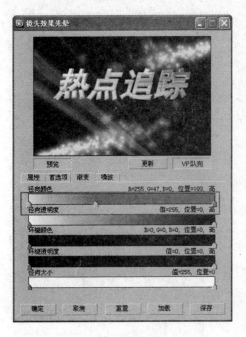

图　9-100　　　　　　　　　　　　　　　图　9-101

Step 28　参照前面的制作方法,添加"镜头光斑"效果,在"镜头光斑"窗口中单击"节点源"按钮,配合 Shift 键将 SuperSpray01、SuperSpray02 两个粒子系统全部选择,表明对两个粒子系统进行相同的光斑处理,效果如图 9-102 所示。

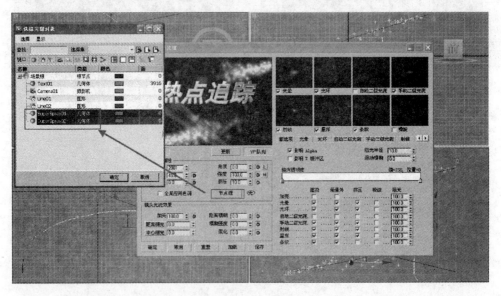

图　9-102

Step 29　为了更好地观察光斑效果,将时间滑块移动到 70 帧处,单击"更新"按钮,效果如图 9-103 所示。

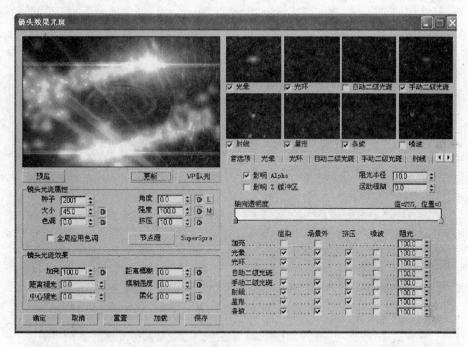

图 9-103

Step 30 在窗口右上方分别选中"光晕"、"射线"、"星形"复选框,其他项目关闭,如图 9-104 所示。

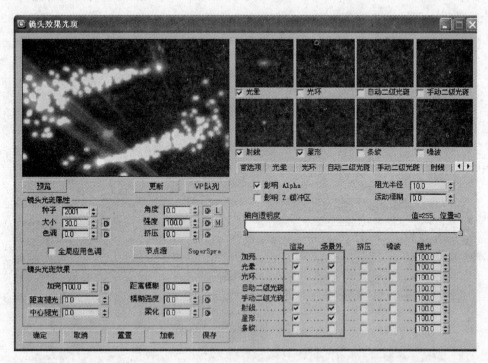

图 9-104

Step 31　切换至"光晕"选项卡,设置"大小"值为30,对"径向颜色"进行调节,左侧色标颜色为白色,右侧色标RGB颜色值(255,115,0),在偏左侧位置处添加一个色标,色标RGB颜色值(255,242,207),如图9-105所示。

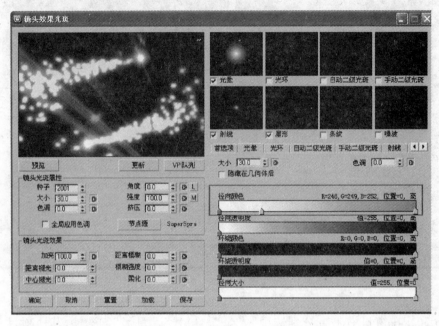

图　9-105

Step 32　在"径向透明度"选项偏左侧位置处添加一个色标,"亮度"值设置为252,如图9-106所示。

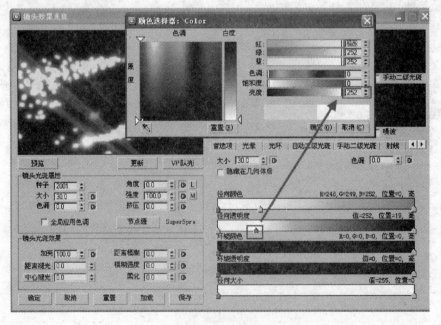

图　9-106

Step 33　切换至"射线"选项卡,将"大小"值设置为100,对"径向颜色"进行调节,左侧色标 RGB 颜色值为(255,255,167),右侧色标 RGB 颜色值(255,115,74),如图 9-107 所示。

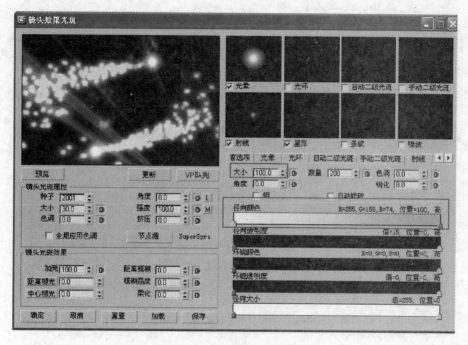

图　9-107

Step 34　设置"径向透明度"选项第二个色标"亮度"值为 72,第三个色标"亮度"值为 47,如图 9-108 所示。

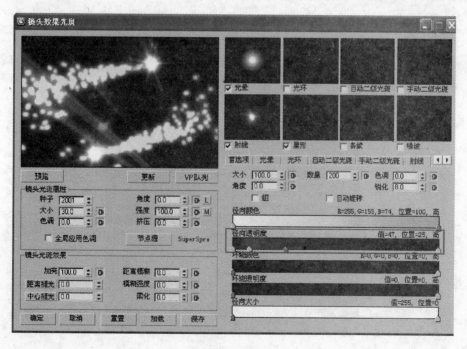

图　9-108

Step 35　切换至"星形"选项卡,设置"大小"值为 75,"宽度"值为 3.5,"锐化"值为 7.6,
"锥化"值为 1,如图 9-109 所示。

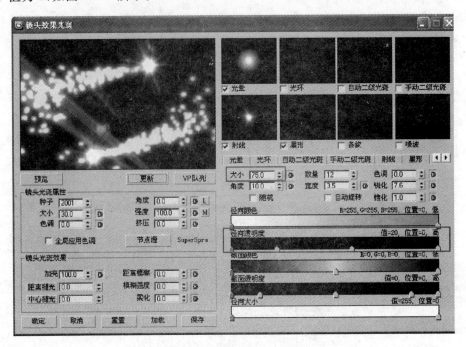

图　9-109

Step 36　在视频合成器的空白处单击左键以取消选择,单击 按钮加入一个动画文件
输出项目,然后单击 按钮,渲染摄像机视图效果如图 9-110 所示。

图　9-110

习题 9

1．简答题

（1）3ds Max 提供了几种渲染效果？其特点分别是什么？

（2）"镜头光斑"效果由几个元素组成？每个元素的视觉特点分别是什么？

（3）Video Post 视频合成器的主要途径是什么？

2．上机操作

（1）运用 Video Post 视频合成器制作如图 9-111 所示的效果。

图　9-111

（2）运用大气特效制作如图 9-112 所示的效果。

图　9-112

第 10 章
粒子系统与空间扭曲

粒子系统是生成不可编辑子对象的系列对象,也称作粒子,主要用于 3D 动画。3ds Max 提供了包括"喷射"、"雪"等几种内置的粒子系统,"导向器"、"重力"和"风"等空间扭曲都可以与粒子系统一起使用。空间扭曲是可以为场景中的其他对象提供各种"力场"效果的对象,某些空间扭曲可以生成波浪、涟漪或爆炸效果,使几何体对象发生变形,其他的空间扭曲专门用于粒子系统,可以模拟各种自然效果,如随风飘动的雪雨或瀑布中若隐若现的岩石。

10.1　粒子系统

粒子系统可用于各种动画任务,主要为大量小型对象设置动画。3ds Max 提供了事件驱动和非事件驱动两种不同类型的粒子系统。非事件驱动粒子系统为随时间生成粒子子对象提供了相对简单而又直接的方法,以便模拟雪、雨、尘埃等效果,在非事件驱动粒子系统中,粒子通常在动画过程中显示类似的属性;事件驱动粒子系统也称作粒子流,它可以测试粒子属性,并根据测试结果将其发送给不同的事件,当粒子位于事件中时,每个事件都指定粒子的不同属性和行为。

10.1.1　粒子发射系统

创建粒子发射系统,首先要选择要添加的粒子系统类型,然后在场景中创建粒子系统图标。根据粒子系统类型的不同,图标的用途也有所不同。下面通过实例介绍创建粒子发射系统的方法。

在创建面板的 标准基本体 下拉列表中选择 粒子系统 选项,单击 雪 按钮,在透视图中按住左键,拖曳出一个雪花粒子发射器,如图 10-1 所示。

单击动画播放控制区中的 ▶ 按钮,在透视图中观看粒子效果,可见粒子是以发射器面为发射面进行发射的,如图 10-2 所示。

提示:雪粒子系统模拟降雪或投撒的纸屑。

单击 超级喷射 按钮,在透视图中创建一个超级喷射粒子发射器,并观看粒子运动效果,可见粒子是以点为发射点向外发射的,如图 10-3 所示。

提示:超级喷射粒子系统发射受控制的粒子喷射,与简单的喷射粒子系统类似,只是增加了所有新型粒子系统提供的功能。

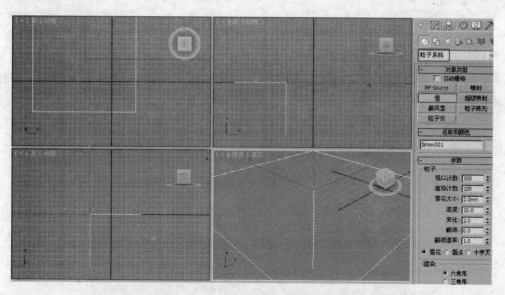

图 10-1

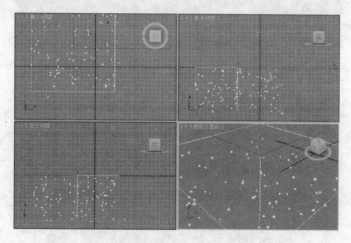

图 10-2

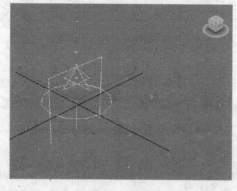

图 10-3

单击 粒子阵列 按钮,在透视图中创建一个粒子阵列发射器,此时单击 ▶ 按钮,粒子阵列发生器并未出现粒子。这是因为粒子阵列需要一个三维物体作为载体,从它的表面向外发射粒子。

单击"创建"面板中的"几何体"按钮 ○,在"对象类型"卷展栏中单击 茶壶 按钮,在顶视图中创建一茶壶并调整至合适位置,如图 10-4 所示。

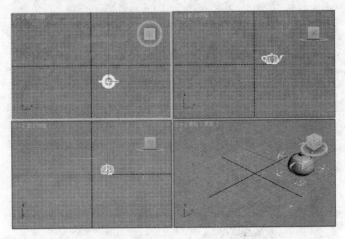

图　10-4

选择粒子阵列发生器,打开"修改"面板,在"基本参数"卷展栏中单击"拾取对象"按钮,然后在视图中单击前面创建的茶壶,再单击 ▶ 按钮,在透视图中观看粒子阵列效果,此时粒子从圆锥体的表面向外发散,如图 10-5 所示。

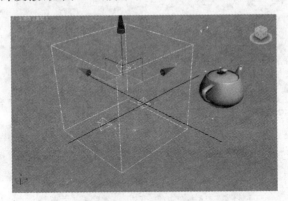

图　10-5

粒子阵列系统提供两种类型的粒子效果,可将所选几何体对象用作发射器模板(或图案)发射粒子,此对象在此称作分布对象,可用于创建复杂的对象爆炸效果。

10.1.2　粒子分类

在 3ds Max"几何体"创建面板的"粒子系统"分类中为用户提供了各种粒子系统的创建按钮,根据功能的不同可分为基本粒子系统、高级粒子系统和事件驱动粒子系统。

1. 基本粒子系统

基本粒子系统包括喷射和雪两种粒子系统。喷射粒子系统中的粒子在整个生命周期内始终朝指定方向移动，主要用于模拟雨、喷泉和火花等。雪粒子系统中粒子的运动轨迹不是恒定的直线方向，而且粒子在移动的过程中不断翻转，大小也不断变化，常用来模拟雪等随风飘舞的粒子现象。这两种粒子系统的参数也基本相同，如图 10-6 所示，在此着重介绍如下几个参数。

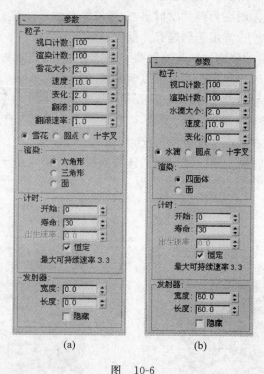

图　10-6

（1）视口计数/渲染计数：这两个编辑框用于设置视口或渲染图像中粒子的数量，通常将"视口计数"编辑框的值设为较低值，以减少系统运算量和内存使用量。

（2）速度：设置粒子系统中新生成粒子的初始速度，下方的"变化"编辑框用于设置各新生成粒子初始速度随机变化的最大百分比。

（3）翻滚：设置雪粒子在移动过程中的最大翻滚值，取值范围为 0.0～1.0。当数值为 0时，雪花不翻滚。

（4）翻滚速率：设置雪粒子的翻滚速度，数值越大，雪花翻滚越快。

（5）水滴/圆点/十字叉：这三个单选钮用于设置粒子在视口中的显示方式。

（6）渲染：该区中的参数用于设置粒子的渲染方式。其中，选中"面"单选钮时，粒子将被渲染为始终面向视图的方形面片。

（7）计时：该区的参数中，"开始"编辑框用于设置粒子开始喷射的时间，"寿命"编辑框用于设置粒子从生成到消亡的时间长度，"出生速率"编辑框用于设置每帧动画生成新粒子的数量（取消选择"恒定"复选框时该编辑框可用）。

（8）发射器：该区中的参数用于设置粒子发射器的大小，以调整粒子的喷射范围（粒子发射器在视口中可见，渲染时不可见）。

2．高级粒子系统

高级粒子系统包括超级喷射、暴风雪、粒子阵列和粒子云。超级喷射产生的是从点向外发射的线型（或锥型）粒子流，用来制作飞船尾部的喷火和喷泉等效果。暴风雪产生的是从平面向外发射的粒子流，用来制作气泡上升和烟雾升腾等效果。粒子阵列是从指定物体表面发射粒子，或将指定物体崩裂为碎片发射出去，形成爆裂效果。粒子云是在指定的空间范围或指定物体内部发射粒子，常用于创建有大量粒子聚集的场景。

这几种高级粒子系统的创建方法与喷射粒子系统类似，在此不做介绍。创建完粒子系统后，利用"修改"面板各卷展栏中的参数可以调整粒子的喷射效果。由于这几种粒子系统的参数类似，在此以超级喷射粒子系统为例，介绍一下各卷展栏中参数的作用。

（1）"基本参数"卷展栏：如图 10-7 所示，该卷展栏中的参数用于控制粒子系统中粒子的发射方向、辐射面积和在视图中的显示情况。

（2）"粒子生成"卷展栏：如图 10-8 所示，该卷展栏中的参数用于设置粒子系统中粒子的数量、大小和运动属性。

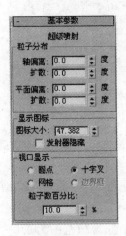

图　10-7

图　10-8

（3）"粒子类型"卷展栏：如图 10-9 所示，该卷展栏中的参数用于设置渲染时粒子的形状及粒子的贴图方式和材质来源。

（4）"旋转和碰撞"卷展栏：如图 10-10 所示，利用该卷展栏中的参数可以设置粒子的旋转和碰撞效果。

（5）"对象运动继承"卷展栏：如图 10-11 所示，该卷展栏中的参数用于设置粒子发射器的运动对新生成粒子的影响情况。其中，"影响"编辑框用于设置受影响粒子所占的百分比；"倍增"编辑框用于设置受影响粒子运动速度的倍增值。

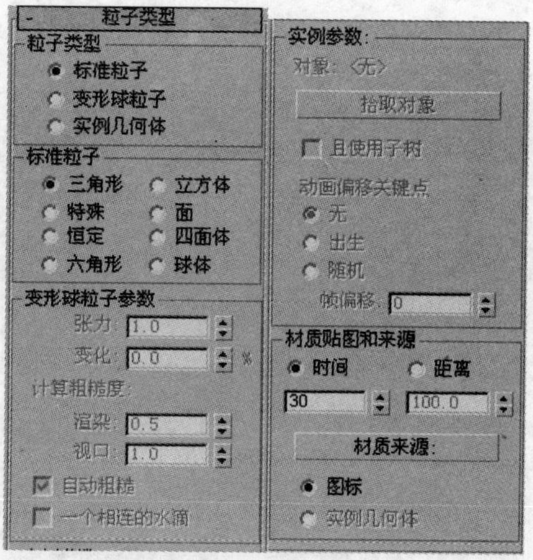

图 10-9 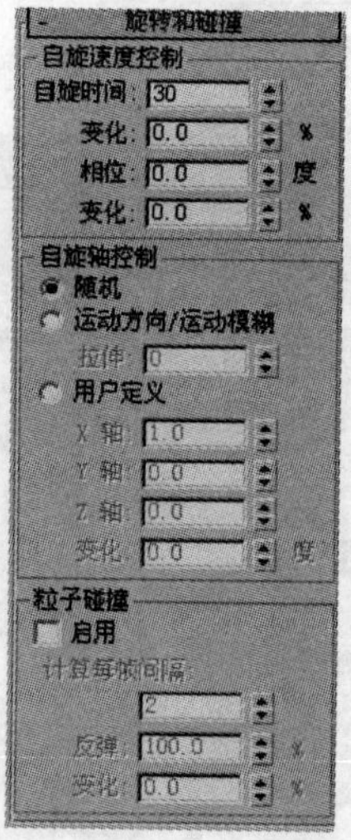　　　　　　　　　图 10-10

（6）"气泡运动"卷展栏：如图 10-12 所示，该卷展栏中的参数用于模拟气泡在水中上升时的摇摆效果。其中，"振幅"、"周期"和"相位"编辑框分别用于设置粒子偏离正常轨迹的幅度、粒子完成一次摇摆所需的时间和粒子摇摆的初始相位。

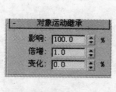

图 10-11　　　　　　　　　图 10-12

（7）"粒子繁殖"卷展栏：如图 10-13 所示，该卷展栏中的参数用于设置粒子在消亡或与导向器碰撞后所发生的事件。取消选择"旋转和碰撞"卷展栏"粒子碰撞"区中的"启用"复选框后，这些参数可用。

（8）"加载/保存预设"卷展栏：该卷展栏中的参数主要用于保存或调用超级喷射粒子系统的参数，图 10-14 所示分别为保存和调用参数的具体操作。

3. 事件驱动粒子系统

事件驱动（Particle Flow Source，PF Source）粒子系统。这是一种特殊的粒子系统，将粒子的属性（如形状、速度、旋转等）复合到事件中，然后根据事件计算粒子的行为，用来模拟可控的粒子流现象。

PF Source 粒子系统的创建方法与喷射粒子系统类似，在此不做介绍。下面介绍一下 PF Source 粒子系统的参数。

（1）"设置"卷展栏：在该卷展栏中，"启用粒子发射"复选框用于控制 PF Source 粒子系统是否发射粒子；单击"粒子视图"按钮可打开如图 10-15 所示的"粒子视图"对话框，利用该对话框中的参数可以为 PF Source 粒子系统添加事件，以控制粒子的发射情况。

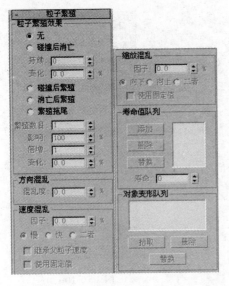

图　10-13

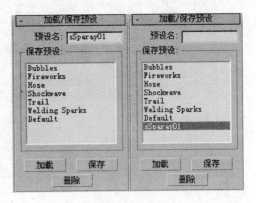

图　10-14

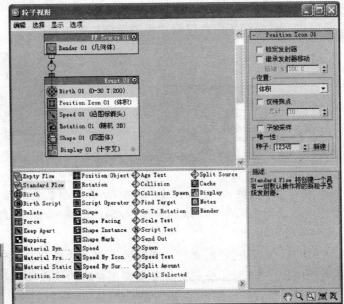

图　10-15

　　（2）"发射"卷展栏：如图10-16所示，在该卷展栏中，"发射器图标"区中的参数用于调整发射器图标的物理属性，"数量倍增"区中的参数用于设置视口或渲染图像中显示的粒子占总粒子数的百分比。

　　（3）"选择"卷展栏：如图10-17所示，该卷展栏中的参数主要用于设置 PF Source 粒子系统中粒子的选择方式以及选择 PF Source 粒子系统中的粒子，单击选中"粒子"按钮后，可通过单击鼠标或拖曳出一个选区选择粒子；单击选中"事件"按钮后，可通过"按事件选择"列表中的事件选择粒子。

（4）"系统管理"卷展栏：如图 10-18 所示，在该卷展栏中，"粒子数量"区中的参数用于限制 PF Source 粒子系统中粒子的数量，"积分步长"区中的参数用于设置在视口中或渲染时 PF Source 粒子系统的更新频率。积分步长越小，粒子系统的模拟效果越好，计算量越大。

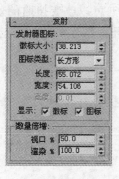

图 10-16   图 10-17   图 10-18

10.2 空间扭曲

空间扭曲是影响其他对象外观的不可渲染对象。空间扭曲能创建使其他对象变形的力场，从而创建出涟漪、波浪和风吹等效果，如图 10-19 所示。

10.2.1 空间扭曲使用方法

空间扭曲物体是一种可渲染的对象，一般将其绑定到目标对象上，使目标对象产生变形。空间扭曲物体在视图中显示为一个网络框架，如图 10-20 所示，可以被移动、旋转和缩放。一般使用主工具栏中的 ▓ 按钮将空间扭曲物体与目标对象绑定，它只对与其绑定的对象起作用。

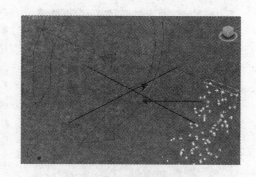

图 10-19   图 10-20

空间扭曲的行为方式类似于修改器，只不过空间扭曲影响的是世界空间，而几何体修改器影响的是对象空间。

　　创建空间扭曲对象时，视口中会显示一个线框。可以像对其他 3ds Max 对象那样变换空间扭曲。空间扭曲的位置、旋转和缩放会影响其作用。

　　空间扭曲只会影响和它绑定在一起的对象。扭曲绑定显示在对象修改器堆栈的顶端。空间扭曲总是在所有变换或修改器之后应用。

　　当把多个对象和一个空间扭曲绑定在一起时，空间扭曲的参数会平等地影响所有对象。不过，每个对象距空间扭曲的距离或它们相对于扭曲的空间方向可以改变扭曲的效果。由于该空间效果的存在，只要在扭曲空间中移动对象就可以改变扭曲的效果。

10.2.2　空间扭曲类型

　　通过"创建"面板的"空间扭曲"类别的列表，可以看见空间扭曲有 5 种类型，如图 10-21 所示。

1. 力

　　这些空间扭曲用于影响粒子系统。在"对象类型"卷展栏中指明了各个空间扭曲所支持的系统，如图 10-22 所示。

图　10-21

图　10-22

　　力空间扭曲主要用来模拟现实中各种力的作用效果，比较常用的力空间扭曲如下。

　　(1) 推力：用于为粒子系统和动力学系统提供均匀的单向推力，如图 10-23 所示。

　　(2) 马达：用于为粒子系统和动力学系统提供螺旋状的推力，如图 10-24 所示。

　　(3) 漩涡：可以使粒子系统中的粒子产生漩涡效果，如图 10-25 所示，用来制作粒子的涡流现象。

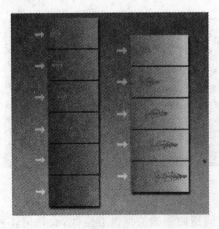

图　10-23

图　10-24

（4）阻力：在指定范围内按指定方式降低粒子的运动速度，如图 10-26 所示，用来模拟粒子运动时所受的阻力。

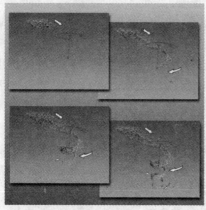

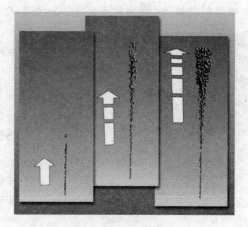

图　10-25　　　　　　　　　　　　　　　　　图　10-26

（5）粒子爆炸：应用于粒子系统和动力学系统，以产生粒子爆炸效果，或为动力学系统提供爆炸冲击力。

（6）路径跟随：控制粒子的运动方向，使粒子沿指定的路径曲线流动，用来表现山洞的小溪、水流沿曲折的路径流动等效果。

（7）重力：用于模拟现实中的重力，以表现出粒子在重力作用下下落的效果。

（8）风：用于模拟现实中的风，以表现出粒子在风的吹动下飘飞的效果。

2．导向器

这些空间扭曲用于使粒子偏转。在"对象类型"卷展栏中指明了各个空间扭曲所支持的系统，如图 10-27 所示。

导向器可应用于粒子系统或动力学系统，以模拟粒子或物体的碰撞反弹动画。3ds Max 为用户提供了 9 种类型的导向器，各导向器的特点如下。

（1）导向板：导向板是反射面为平面的导向器，只能应用于粒子系统，作为阻挡粒子前进的挡板。当粒子碰到它时会沿对角方向反弹出去，如图 10-28 所示，用来表现雨水落地后溅起水花或物体落地后摔成碎片的效果。

图　10-27　　　　　　　　　　　　　　　　图　10-28

（2）导向球：该导向器与导向板类似，但它产生的是球面反射效果。

（3）泛方向导向板：也是碰撞面为平面的导向器，不同的是，粒子碰撞到该导向板后，除产生反射效果外，部分粒子还会产生折射和繁殖效果，如图10-29所示。

图 10-29

（4）泛方向导向球：类似于泛方向导向板，产生的是球面反射和折射效果。

（5）动力学导向板：该导向器可以作用于粒子系统和动力学系统，以影响粒子和被撞击对象的运动方向和速度，用来模拟流体冲击实体对象的效果。

（6）动力学导向球：该导向器类似于动力学导向板，但其碰撞面为球面，产生的是球面反射和撞击效果。

（7）全动力学导向器：该导向器可以使粒子和被作用对象在指定物体的所有表面产生反弹和撞击效果。

（8）全泛方向导向器：该导向器类似于全动力学导向器，可以使用指定物体的任意表面作为反射和折射平面，且该物体可以是静态物体、动态物体或随时间扭曲变形的物体。需要注意的是，该导向器只能应用于粒子系统，而且粒子越多，指定物体越复杂，该导向器越容易发生粒子泄露。

（9）全导向器：该导向器类似于全动力学导向器，也可以使用指定物体的任意表面作为反应面。但是，它只能应用于粒子系统，且粒子撞击反应面时只有反弹效果。

3. 几何/可变形

这些空间扭曲用于使几何体变形。在"对象类型"卷展栏中指明了各个几何/可变形所支持的系统，如图10-30所示。

几何/可变形空间扭曲主要用于使三维对象产生变形效果，以制作变形动画。常用的几何/可变形空间扭曲如下。

（1）FFD（长方体）和FFD（圆柱体）：这两种空间扭曲同FFD修改器类似。创建好空间扭曲，并绑定到三维对象中后，设置其修改对象为"控制点"，然后调整晶格中控制点的位置，即可调整被绑定三维对象的形状，如图10-31所示。

图 10-30

图 10-31

（2）波浪和涟漪：这两种空间扭曲分别可以在被绑定的三维对象中创建线性波浪和同心波纹。需要注意的是，使用这两种空间扭曲时，被绑定对象的分段数要适当，否则无法产生所需的变形效果,如图 10-32 所示。

(3) 爆炸:该空间扭曲可以将被绑定的三维对象炸成碎片,常配合各种力空间扭曲制作三维对象的爆炸动画,如图 10-33 所示。

图 10-32   图 10-33

4. 基于修改器

"基于修改器"是对象修改器的空间扭曲形式,基于修改器的空间扭曲和标准对象修改器的效果完全相同。和其他空间扭曲一样,它们必须和对象绑定在一起,并且它们是在世界空间中发生作用,在"对象类型"卷展栏中指明了各个基于修改器所支持的系统,如图 10-34 所示。

粒子和动力学:这些空间扭曲用于影响粒子系统。在"对象类型"卷展栏中指明了粒子和动力学所支持的系统,如图 10-35 所示。

图 10-34   图 10-35

10.3 经典案例

10.3.1 下雪效果

本案例利用粒子系统模拟雪景,学习使用"雪"粒子参数设置方法。

Step 1 选择"文件"→"打开"命令,打开"草原.max"素材文件,这是一张背景贴图的场景文件,如图 10-36 所示。

Step 2 单击"创建"面板中的 ○ 按钮,在其下方的下拉列表框中选择"粒子系统"选项,在"对象类型"卷展栏中单击 雪 按钮,在顶视图中创建雪粒子系统,拖动时间滑块,产生雪花效果如图 10-37 所示。

图 10-36

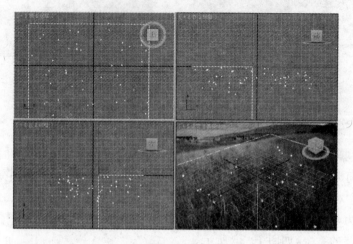

图 10-37

Step 3 打开"修改"面板,在"基本参数"卷展栏中设置雪花参数如图 10-38 所示。

Step 4 单击工具栏中"材质编辑器"按钮,打开"材质编辑器"窗口,选择一个新材质球,并将其命名为"雪材质"。在"Blinn 基本参数"卷展栏中,选中"自发光"栏中的"颜色"复选框,设置其颜色值为(228,228,228),如图 10-39 所示。

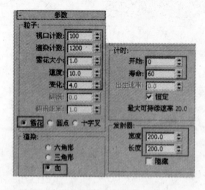

图 10-38

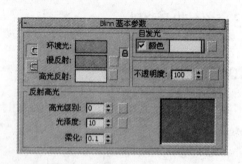

图 10-39

Step 5 单击"贴图"卷展栏中"不透明度"复选框右侧 None 按钮,在打开的"材质/贴图浏览器"对话框中双击"渐变坡度"选项,在"渐变坡度参数"卷展栏中选择"渐变类型"为"径向"选项,在"输出"卷展栏中选中"反转"复选框,如图 10-40 所示。

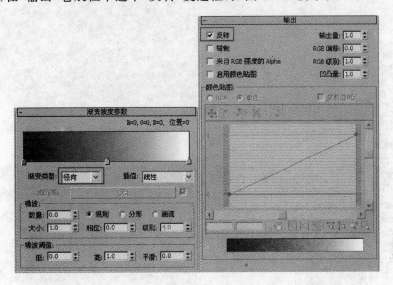

图 10-40

Step 6 选取前面创建暴风雪粒子系统,将材质赋予给它,效果如图 10-41 所示。

图 10-41

10.3.2 片头效果

通过本案例的制作,学习使用"喷射"粒子参数设置方法,以及"镜头效果高光"使用的方法。

Step 1 单击"创建"面板中的"图形"按钮 ,在"对象类型"卷展栏中单击 星形 按钮,在前视图中绘制一个星形,在"参数"卷展栏中设置"半径 1"为 105,"半径 2"为 40,"点"为 5,如图 10-42 所示,绘制如图 10-43 所示的星形。

Step 2 打开"修改"面板,在"修改器列表"下拉列表框中选择"挤出"选项,在"参数"卷展栏中设置挤出"数量"为 20,效果如图 10-44 所示。

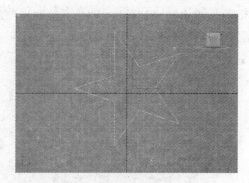

图 10-43

图 10-42

图 10-44

Step 3 在"修改器列表"下拉列表框中选择"锥化"选项,在"参数"卷展栏中设置锥化"数量"为-1,如图 10-45 所示,锥化效果如图 10-46 所示。

图 10-45

图 10-46

Step 4 单击"创建"面板中的"图形"按钮，在"对象类型"卷展栏中单击 文本 按钮,在前视图中输入"湘科院电影制片厂"文字,如图 10-47 所示。

Step 5 打开"修改"面板,在"修改器列表"下拉列表框中选择"挤出"选项,在"参数"卷展栏中设置挤出"数量"为 20,效果如图 10-48 所示。

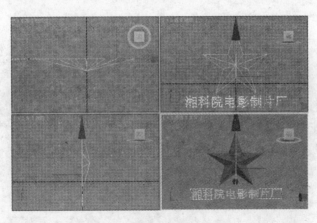

图 10-47

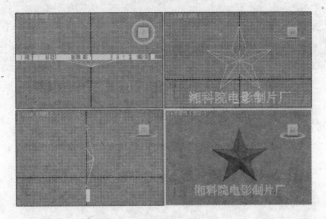

图 10-48

Step 6 单击工具栏中材质编辑器按钮，打开"材质编辑器"窗口，选择一个新材质球，在"Blinn 基本参数"卷展栏中设置"漫反射"颜色为红色，将材质赋予视图中的"五角星"，如图 10-49 所示。

图 10-49

Step 7　用同样方法将文字赋予白色,效果如图 10-50 所示。

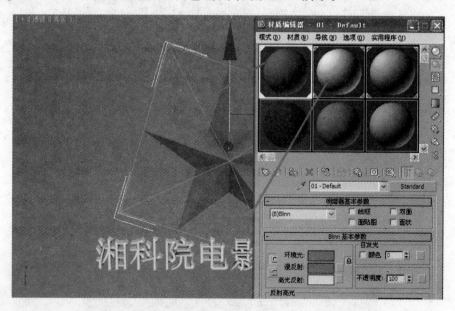

图　10-50

Step 8　在创建面板的 标准基本体 ▾ 下拉列表中选择 粒子系统 ▾ 选项,
单击 喷射 按钮,在前视图中按住鼠标左键,拖曳出一个喷射粒子发射器(如图 10-51
所示)。

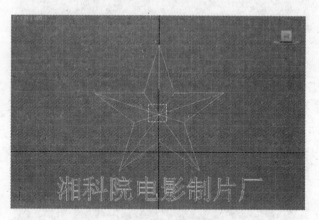

图　10-51

Step 9　激活左视图,拖动时间滑块,发现粒子方向相反,单击主工具栏中的▨按钮,在
弹出的"镜像:屏幕、坐标"窗中设置如图 10-52 所示。

Step 10　选择喷射粒子,打开"修改"面板,在"参数"卷展栏中设置参数(如图 10-53 所
示),产生粒子效果如图 10-54 所示。

Step 11　在视图中选取喷射粒子,右击,在弹出的快捷菜单中选择"对象属性"选项,在
弹出的"对象属性"面板中设置"对象 ID"为 1,如图 10-55 所示。

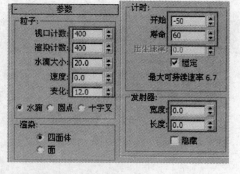

图 10-52　　　　　　　　　　　　　　图 10-53

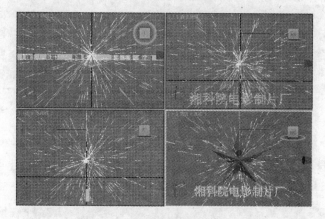

图 10-54

图 10-55

Step 12　选择"渲染"→Video Post命令，在弹出的 Video Post 窗口中单击 按钮，弹出"添加场景事件"对话框，在其下拉列表框中选择透视图选项，如图 10-56 所示。

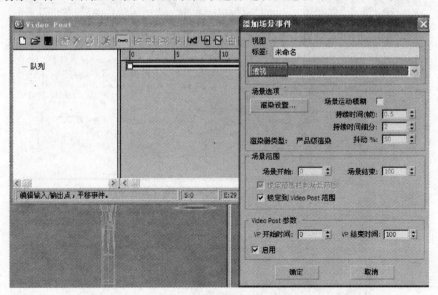

图　10-56

Step 13　单击"确定"按钮，在 Video Post 窗口中，单击 按钮，弹出"添加图像过滤事件"对话框，在"过滤器插件"选项区下方的下拉列表框中选择"镜头效果光晕"选项，如图 10-57 所示。

图　10-57

Step 14　单击"确定"按钮，在 Video Post 窗口中的右侧双击"镜头效果光晕"选项，弹出"编辑过滤事件"对话框，单击 设置 按钮，弹出"镜头效果光晕"对话框，如图 10-58 所示。

Step 15 在"镜头效果光晕"对话框分别单击"预览"、"VP 队列"按钮,如图 10-59 所示。

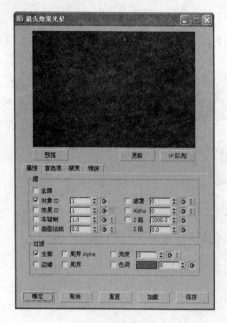

图 10-58

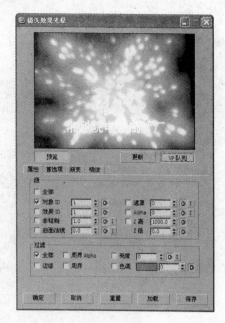

图 10-59

Step 16 选择"首选项",设置"效果"大小为 1,"颜色"选择"用户"选项,设置颜色为黄色,如图 10-60 所示。

Step 17 在视频合成器的空白处单击以取消选择,然后在 Video Post 面板中,单击 ⚙ 按钮,渲染透视图效果如图 10-61 所示。

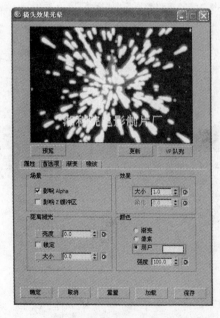

图 10-60

图 10-61

10.3.3　流水效果

通过本案例流水效果的制作,学习"粒子云"参数设置方法,以及"导向板"对粒子的作用。

Step 1　单击"创建"面板中的 ○ 按钮,在其下方的下拉列表框中选择"粒子系统"选项,在"对象类型"卷展栏中单击 粒子云 按钮,在顶视图中创建粒子云系统,效果如图 10-62 所示。

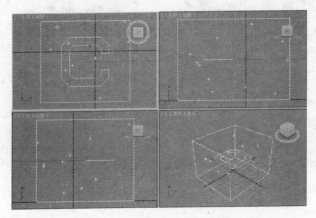

图　10-62

Step 2　单击"创建"面板中的"空间扭曲"按钮 ≋ ,在其下方的下拉列表框中选择"力"选项,在"对象类型"卷展栏中单击 重力 按钮,在顶视图中创建如图 10-63 所示的重力。

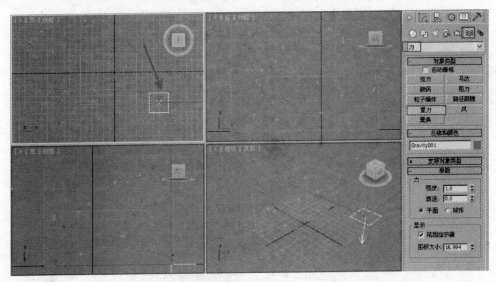

图　10-63

Step 3　选择粒子云,单击主工具栏中的"绑定到空间扭曲" ≋ 按钮,此时将出现一条跟随鼠标轨迹的虚线,在顶视图中单击重力(如图 10-64 所示),将粒子云与重力绑定。

Step 4 拖动时间滑块,产生向下的粒子,选择粒子云,打开"修改"面板,在"基本参数"卷展栏中设置参数如图 10-65 所示,然后在"粒子生成"卷展栏中设置参数如图 10-66 所示,在"粒子类型"卷展栏中设置参数如图 10-67 所示。

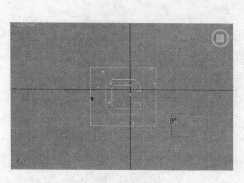

图 10-64

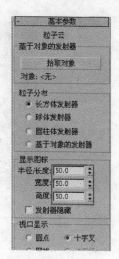

图 10-65

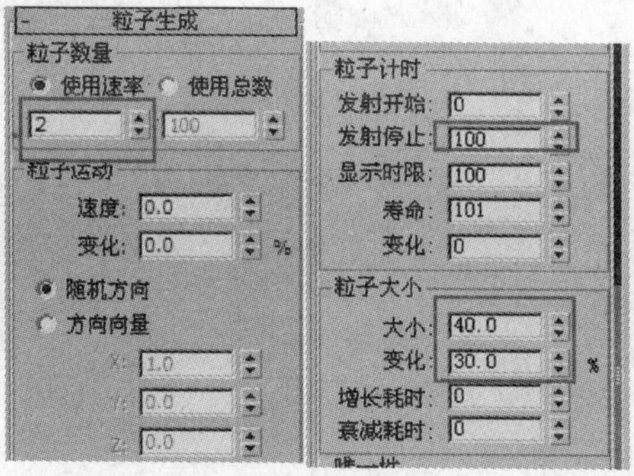

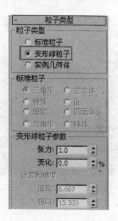

图 10-66

图 10-67

Step 5 渲染透视图,效果如图 10-68 所示。

图 10-68

Step 6　单击"创建"面板中的"空间扭曲"按钮 ≋ ，在其下方的下拉列表框中选择"导向器"选项，在"对象类型"卷展栏中单击 导向板 按钮，在顶视图中创建如图 10-69 所示的导向板。

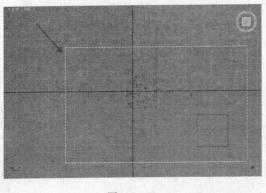

图　10-69

Step 7　在透视图中，将导向板向下移，并旋转一定角度，如图 10-70 所示。

Step 8　选择粒子云，单击主工具栏中的"绑定到空间扭曲" ▨ 按钮，此时将出现一条跟随鼠标轨迹的虚线，在透视图中单击导向板，如图 10-71 所示，将粒子云与导向板绑定。

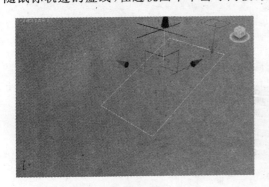

图　10-70

图　10-71

Step 9　选择导向板，打开"修改"面板，在"参数"卷展栏中设置参数如图 10-72 所示。

Step 10　渲染透视图，效果如图 10-73 所示。

图　10-72

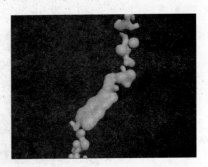

图　10-73

Step 11 单击工具栏中"材质编辑器"按钮 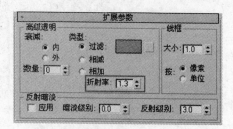，打开"材质编辑器"窗口，选择一个默认材质球，在"明暗器基本参数"卷展栏中选中"双面"复选框，在"Blinn 基本参数"卷展栏中设置"高光级别"设置为 150，"光泽度"为 60，如图 10-74 所示。

Step 12 在"扩展参数"卷展栏中将"折射率"大小设置为 1.3，如图 10-75 所示。

Step 13 在"贴图"卷展栏中单击"折射"右边的 None 按钮，打开"材质/贴图浏览器"对话框，在"光线跟踪"选项上双击，为"折射"贴图通道指定一种"光线跟踪"材质，如图 10-76 所示。

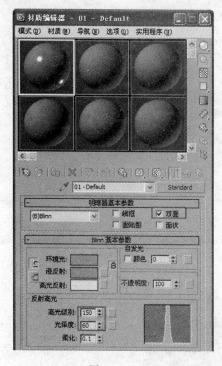

图 10-74

图 10-75

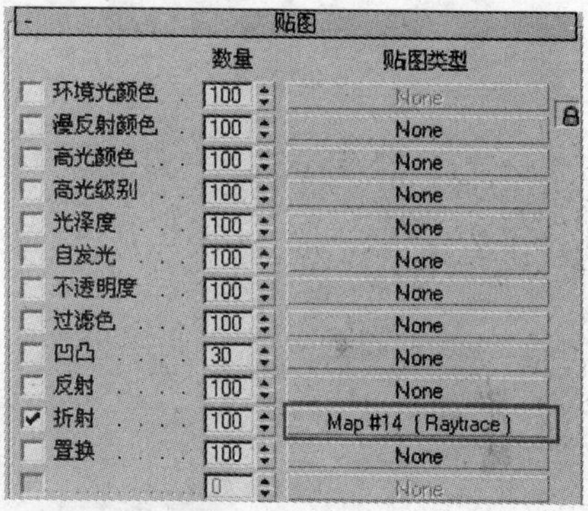

图 10-76

Step 14 将材质赋予粒子云，渲染透视图，效果如图 10-77 所示。

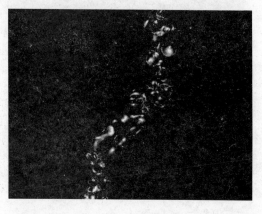

图 10-77

Step 15 创建环境材质。选择"渲染"→"环境"命令,在弹出的"环境和效果"对话框中,单击 无 按钮,如图 10-78 所示,打开"材质/贴图浏览器"对话框,在"位图"选项上双击,选取背景.TIF 文件,如图 10-79 所示。

图 10-78

图 10-79

Step 16 渲染透视图,效果如图 10-80 所示。

图 10-80

10.3.4 运动小球

本案例通过运动小球的制作,学习使用 PF Source 粒子发射系统设置方法以及"导向板"对粒子的作用。

Step 1 选择"文件"→"打开"命令,打开"运动小球.max"素材文件,场景中只有 4 个导向板,如图 10-81 所示。

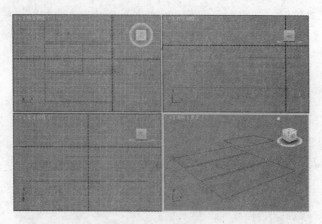

图　10-81

Step 2　单击"创建"面板中的 ◎ 按钮,在其下方的下拉列表框中选择"粒子系统"选项。单击 PF Source 按钮,在左视图中创建一个 PF Source 粒子发射系统,如图 10-82 所示。

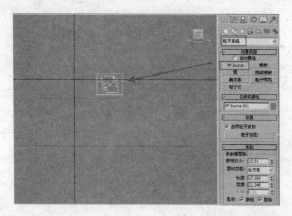

图　10-82

Step 3　拖动时间滑块,在前视图中选择粒子,单击工具栏中"镜像" 按钮,在弹出的"镜像:屏幕坐标"窗口中设置如图 10-83 所示。

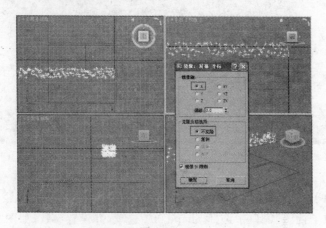

图　10-83

Step 4 单击"确定"按钮,将粒子镜像,单击工具栏中的"旋转" 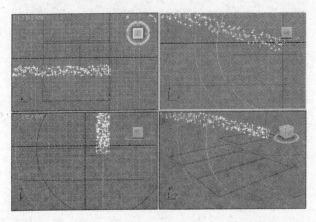 按钮,调整粒子的方向如图10-84所示。

图   10-84

Step 5 打开"修改"面板,单击 粒子视图 按钮,在弹出的"粒子视图"窗口中选择Birth 001选项,并设置参数,如图10-85所示。

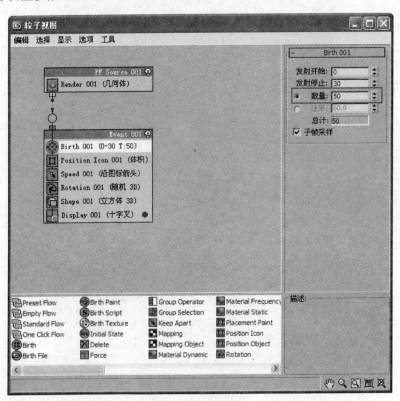

图   10-85

Step 6 在"粒子视图"窗口中选择Speed 001选项,并设置参数,如图10-86所示。

Step 7 在"粒子视图"窗口中选择Shape 001选项,并设置参数,如图10-87所示。

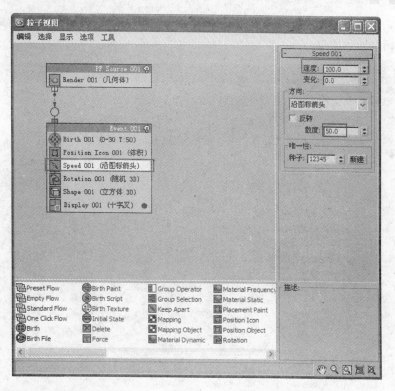

图 10-86

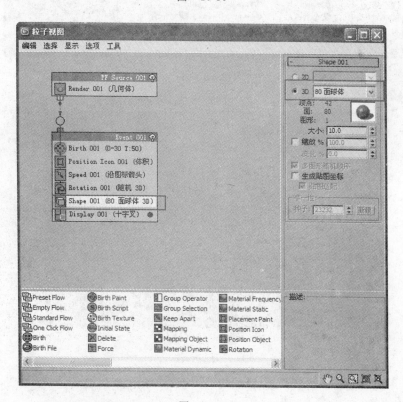

图 10-87

Step 8 在"粒子视图"窗口中选择选择 Display 001 选项,并设置参数,如图 10-88 所示。效果如图 10-89 所示。

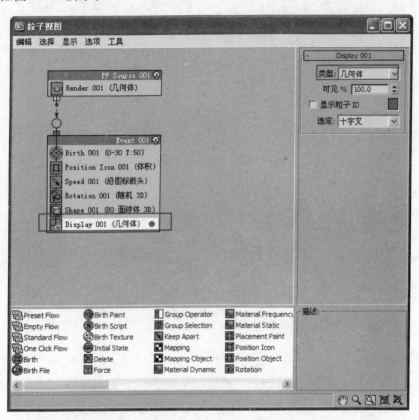

图　10-88

图　10-89

Step 9 单击"创建"面板中的 ≋ 按钮,在"力"卷展栏中单击 重力 按钮,在顶视图中创建一个重力场,如图 10-90 所示。

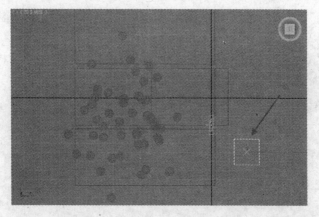

图 10-90

Step 10 按 F6 键,弹出"粒子视图"窗口,选择 Force 选项,拖曳到 Display 001 选项下面,这样就为粒子添加一个力场控制属性,单击"按列表"按钮,在弹出的"选择力空间扭曲"窗口中,选择 Gravity001 选项,如图 10-91 所示。单击"选择"按钮,拖动时间滑块,效果如图 10-92 所示。

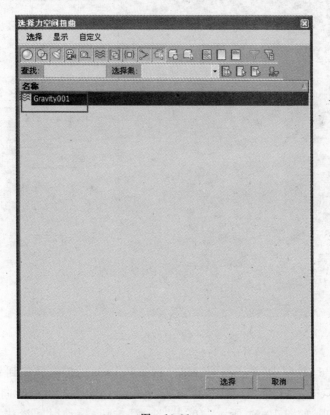

图 10-91

Step 11 选择"重力"图标,打开"修改"面板,在"参数"卷展栏中设置"强度"为 0.5,如图 10-93 所示。

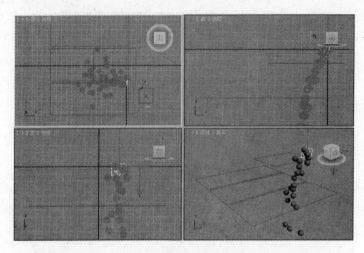

图　10-92

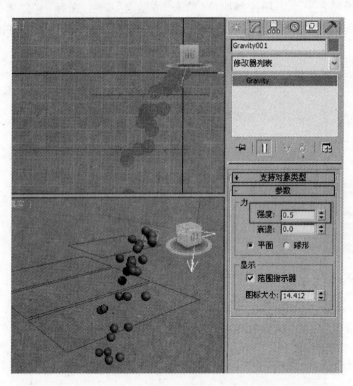

图　10-93

Step 12　按 F6 键,弹出"粒子视图"窗口,选择 Collision 选项,拖曳到 Force 001 选项下面,然后选择 Collision 001 选项,单击"按列表"按钮,在弹出的"选择导向器"窗口中,选择Deflector01-04 选项,如图 10-94 所示。单击"选择"按钮,拖动时间滑块,效果如图 10-95所示。

Step 13　在"粒子视图"窗口中选择 Material Static 选项拖曳至 Display 001 选项下,为粒子添加材质编辑控制属性,在主工具栏中单击 [图标] 按钮,弹出"材质编辑器"窗口,将一个材

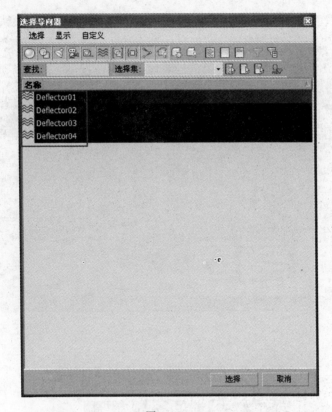

图　10-94

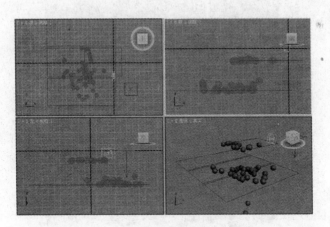

图　10-95

质球拖曳至"粒子视图"窗口中"指定材质"的 ▭ None ▭ 按钮上，在弹出的"实例（副本）材质"窗口选择"实例"选项，如图10-96所示，单击"确定"按钮。

Step 14　在"Blinn基本参数"卷展栏中，设置"漫反射"颜色为红色，"高光级别"为100，"光泽度"为70，然后渲染透视图效果如图10-97所示。

Step 15　沿导向板创建4个平面，并分别贴上"线框"材质，如图10-98所示。然后渲染透视图效果如图10-99所示。

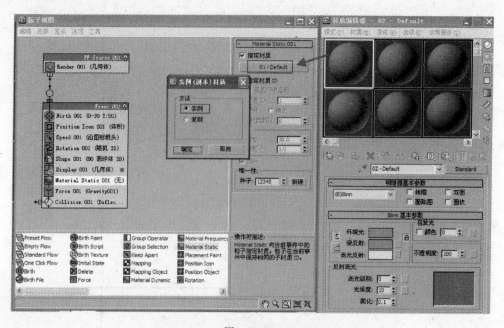

图   10-96

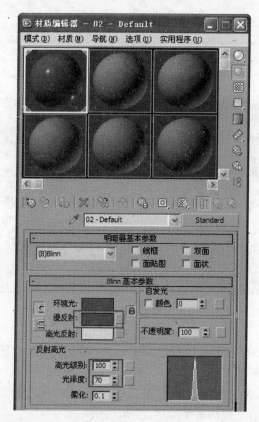

图   10-97

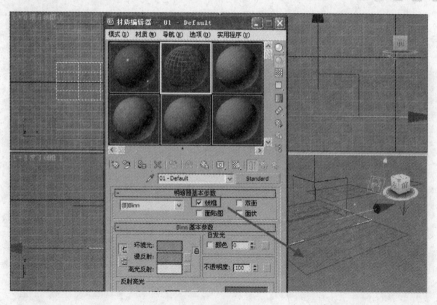

图　10-98

图　10-99

10.3.5　文字变粒子效果

通过本案例的学习,掌握 PF Source 粒子系统的参数设置方法。

Step 1　单击"创建"面板中的图形 按钮,在"对象类型"卷展栏中单击 文本 按钮,输入"湖南科技学院"文字,效果如图 10-100 所示。

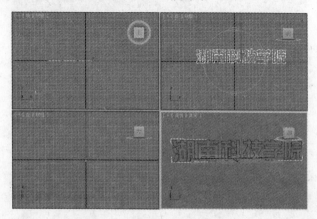

图　10-100

Step 2　打开"修改"面板,在"修改器列表"下拉列表框中选择"挤出"选项,在"参数"卷展栏中设置"数量"为0,此时模型的效果如图10-101所示。

图　10-101

Step 3　单击"创建"面板中的 ◎ 按钮,在其下方的下拉列表框中选择"粒子系统"选项。单击 PF Source 按钮,在顶视图中创建一个PF Source粒子发射系统,如图10-102所示。

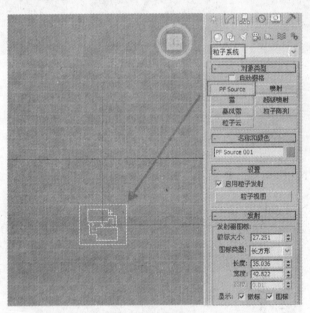

图　10-102

Step 4　打开"修改"面板,单击 粒子视图 按钮,在弹出的"粒子视图"窗口中选择Birth 001选项,并设置参数如图10-103所示。

Step 5　在"粒子视图"窗口中将Position Object选项直接拖动到Position Icon 001(体积)选项上,释放鼠标,如图10-104所示。

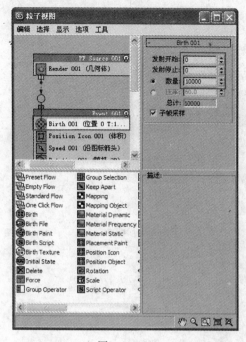
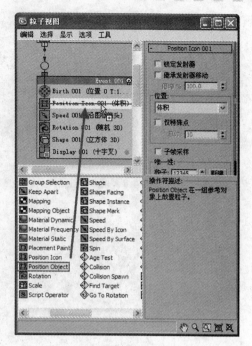

图　10-103　　　　　　　　　　　　　　图　10-104

Step 6　在"粒子视图"窗口中选择 Position Object 001 选项，单击"按列表"按钮，在弹出的"选择发射器对象"窗口中，选择 Text001 选项，单击"选择"按钮，效果如图 10-105 所示。

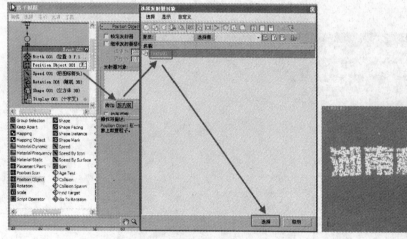

图　10-105

Step 7　选择视图中的文字，右击，在弹出的快捷菜单中选择"隐藏选定对象"，如图 10-106 所示。

Step 8　单击"创建"面板中的 ⬳ 按钮，在"力"卷展栏中单击 ⬛ 漩涡 ⬛ 按钮，在前视图中创建一个漩涡对象体，如图 10-107 所示。

Step 9　按 F6 键，弹出"粒子视图"窗口，将 Speed 001（沿图标箭头）选项删除，然后将 Force 选项拖曳至 Rotation 001（随机 3D）选项上，如图 10-108 所示，为粒子添加了一个力

图　10-106

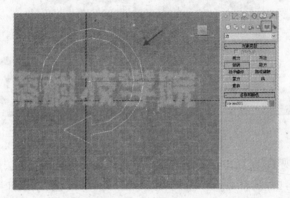

图　10-107

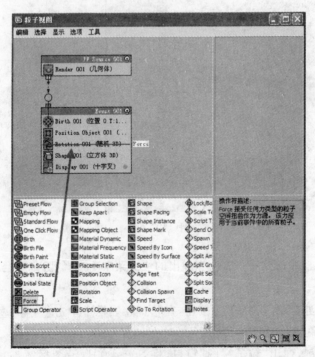

图　10-108

场控制属性，在"粒子视图"窗口中选择 Force 001 选项；单击"按列表"按钮，在弹出的"选择力空间扭曲"窗口中，选择 Vortex001 选项；单击"选择"按钮，拖动时间滑块，效果如图 10-109 所示。

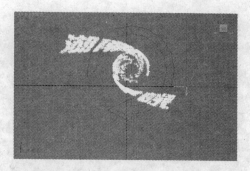

图　10-109

Step 10　选择创建的漩涡，打开"修改"面板，设置相关参数如图 10-110 所示。

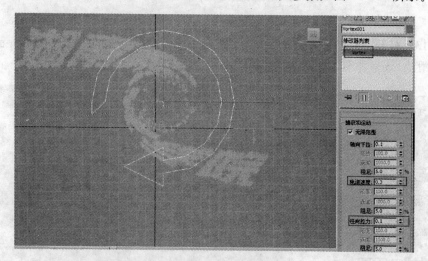

图　10-110

Step 11　单击"创建"面板中的 ▧ 按钮，在"力"卷展栏中单击 ▐　风　▌ 按钮，在前视图中创建一个风对象，如图 10-111 所示。

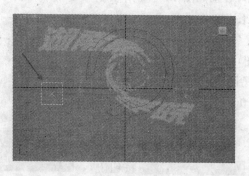

图　10-111

Step 12　按 F6 键，弹出"粒子视图"窗口，在"粒子视图"窗口中选择 Force 001 选项，单击"按列表"按钮；在弹出的"选择力空间扭曲"窗口中，选择 Wind001 选项；单击"选择"按钮，拖动时间滑块，效果如图 10-112 所示。

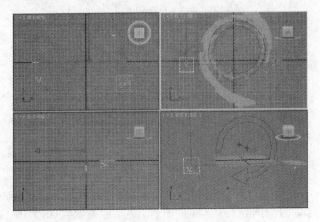

图　10-112

Step 13　打开"修改"面板，在"参数"卷展栏中设置相关参数，如图 10-113 所示。然后拖动时间滑块，效果如图 10-114 所示。

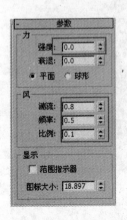

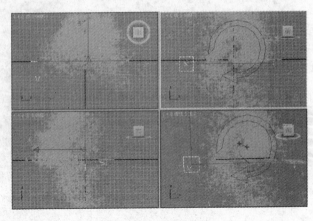

图　10-113　　　　　　　　　　　　图　10-114

Step 14　渲染透视图，效果如图 10-115 所示。

Step 15　在"粒子视图"窗口中选择 Shape 001（立方体 3D）选项，并设置参数，如图 10-116 所示。

Step 16　渲染透视图，效果如图 10-117 所示。

Step 17　在"粒子视图"窗口中选择 Material Static 选项拖曳至 Shape 001 上面，为粒子添加了材质编辑控制属性，在主工具栏中单击 按钮，弹出"材质编辑器"窗口，将一个材质球拖曳至"粒子视图"窗口中"指定材质"的 None 按钮上，在弹出的"实例（副本）材质"窗口选择"实例"选项

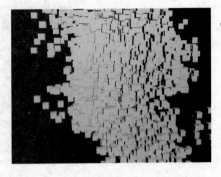

图　10-115

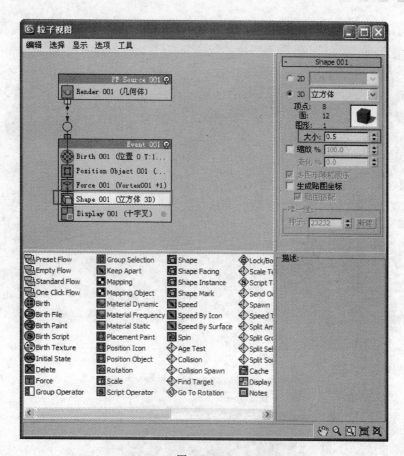

图　10-116

图　10-117

（如图 10-118 所示），单击"确定"按钮。

Step 18　在"材质编辑器"窗口中，选择"贴图"卷展栏中单击"漫反射颜色"复选框右边的 None 按钮，打开"材质/贴图浏览器"对话框，在"渐变"选项上双击鼠标左键，为"漫反射颜色"贴图通道指定一种"渐变"贴图材质，效果如图 10-119 所示。

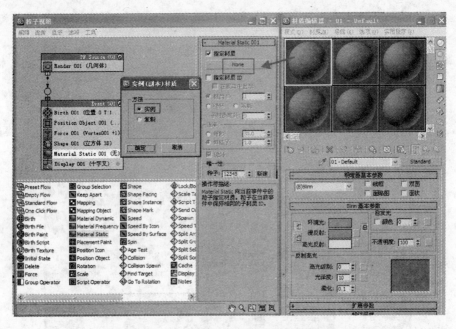

图　10-118

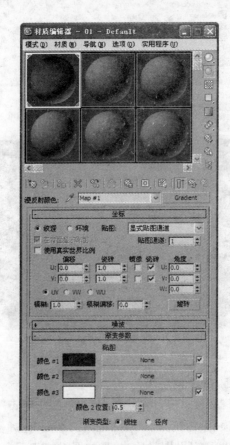

图　10-119

Step 19　在"渐变参数"卷展栏中分别设置"颜色♯1"、"颜色♯2"、"颜色♯3"颜色为红、黄、蓝,如图 10-120 所示。

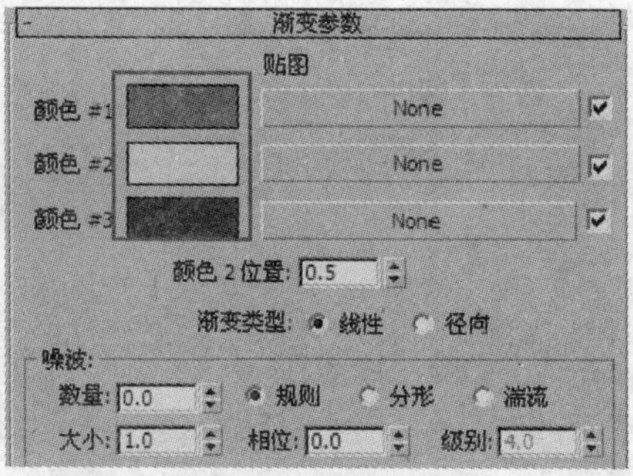

图　10-120

Step 20　在"坐标"卷展栏中设置"贴图"为"XYZ 平面"选项,其他参数设置如图 10-121 所示,渲染透视图,效果如图 10-122 所示。

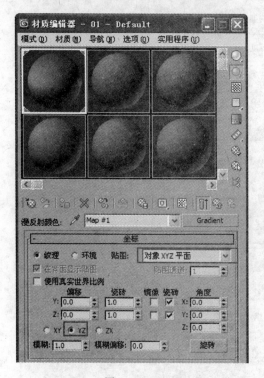

图　10-121

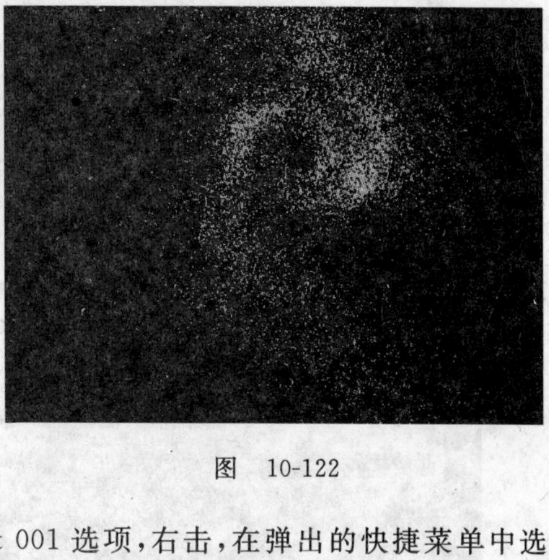

图　10-122

Step 21　在"粒子视图"窗口中选择 Event 001 选项,右击,在弹出的快捷菜单中选择"属性"选项,在弹出的"对象属性"面板中设置对象 ID 为 1,单击"确定"按钮,如图 10-123 所示。

Step 22　选择"渲染"→Video Post 命令,在弹出的 Video Post 窗口中单击 按钮,弹出"添加场景事件"对话框,在其下拉列表框中选择 Camera01 选项,如图 10-124 所示。

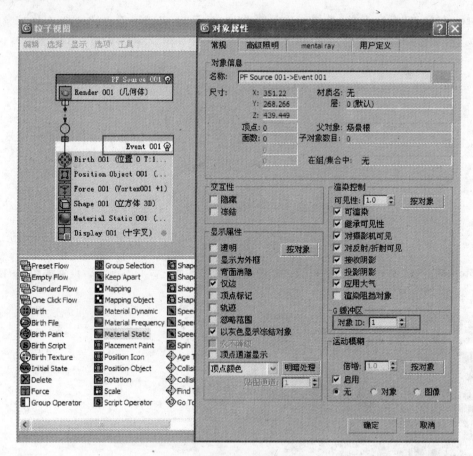

图   10-123

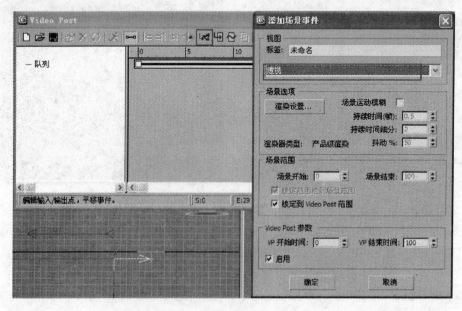

图   10-124

Step 23　单击"确定"按钮,在 Video Post 窗口中,单击 ⊠ 按钮,弹出"添加图像过滤事件"对话框,在"过滤器插件"选项区下方的下拉列表框中选择"镜头效果光晕"选项,如图 10-125 所示。

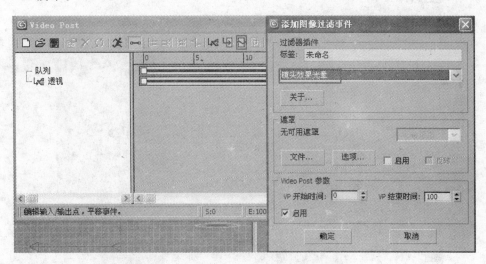

图　10-125

Step 24　单击"确定"按钮,在 Video Post 窗口中的右侧双击"镜头效果光晕"选项,弹出"编辑过滤事件"对话框,单击 设置… 按钮,弹出"镜头效果光晕"对话框,在"镜头效果光晕"对话框分别单击"预览"、"VP 队列"按钮,如图 10-126 所示。

Step 25　切换至"首选项"选项卡,在"效果"选项区中设置"大小"为 1(如图 10-127 所示),单击"确定"按钮。

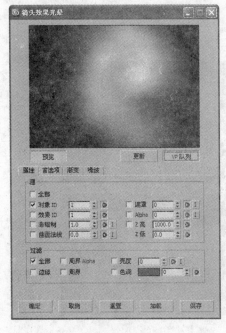

图　10-126

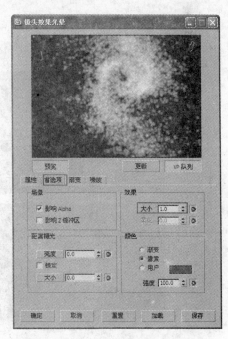

图　10-127

Step 26　单击"确定"按钮,在 Video Post 窗口中单击 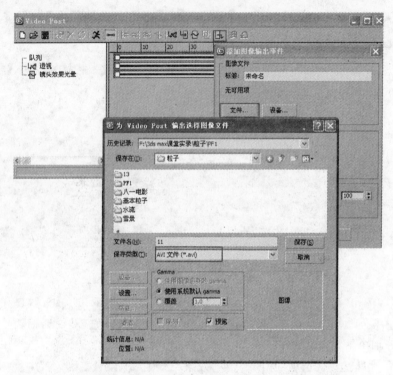 按钮,在弹出的"添加图像输出事件"对话框中单击 文件... 按钮,设置文件保存类型为 AVI,如图 10-128 所示,依次单击"保存"、"确定"按钮。

图　10-128

Step 27　在视频合成器的空白处单击以取消选择,然后在 Video Post 面板中单击 按钮,渲染 Camera01 视图效果如图 10-129 所示。

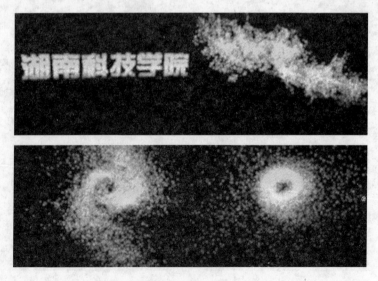

图　10-129

习题 10

1. 简答题

（1）3ds Max 提供了几种不同种类的粒子系统？用途分别是什么？

（2）"标准粒子"提供了几种特殊基本几何体作为粒子？分别是什么？

（3）"导向板"的用途是什么？

2. 上机操作

（1）运用粒子创建如图 10-130 所示的效果。

图　10-130

（2）运用导向板制作如图 10-131 所示的效果。

图　10-131

第11章

IK系统与角色动画

在 3ds Max 中有 4 种反向动力学(Inverse Kinematics,IK)解算器,分别为 HI(历史独立型)、HD(历史依整型)、IK Limb(IK 分支型)和 SplineIK(样条线 IK 型),对于角色动画而言,用得最多的是 HI(历史独立型)解算器。

角色动画是动画控制中最复杂、最具有挑战性的内容。一个完整的角色,包含骨骼、蒙皮、变形器、驱动关键帧等内容,需要使用的工具及参数众多,要使它们正确、协调地工作并不是一件容易的事情,但只要掌握了角色动画的制作原理和各种工具的使用方法,就会发现角色动画其实也很容易。

11.1   正向运动学和反向运动学的概念

角色动画中的骨骼运动遵循运动学原理,定位和动画骨骼包括两种类型的运动学：正向运动学和反向运动学。

1. 正向运动学

正向运动学是指完全遵循父子关系的层级,用父层级带动子层级的运动,也就是说当父对象发生位移、旋转和缩放变化时,子对象会继承父对象的这些信息发生相应的变化,但是子对象的位置、旋转和缩放却不会影响父对象,父对象将保持不变。例如,有一个体的层级链接,当躯干(父对象)弯腰,头部(子对象)跟随它一起运动,但是当单独转动头部时却不会影响躯干的动作。

提示：在计算机动画软件的发展初期,关节动画都是正向链接系统。它的优点是软件开发容易,计算简单,运算速度快；缺点是工作效率太低,而且很容易产生不自然协调的动作。

3ds Max 系统中的 Bones 骨骼系统默认每节骨骼之间就是标准的正向链接,但是当移动子骨骼的时候,父骨骼的方向会自动对齐子骨骼,这是骨骼的特性。当然我们也可能把其他的对象也设成骨骼,那么它们也就有了骨骼的这种特性。

2. 反向运动学

反向运动学与正向运动学正好相反,反向运动学是依据某些子关节的最终位置和角度,来反求推导出整个骨架的形态,也就是说父对象的位置和方向由子对象的位置和方向确定。可以为腿部设置 HI(历史独立型)的 IK 解算器,然后通过移动骨骼末端的 IK 链来得到腿部骨骼的最终形态，如图 11-1 所示。

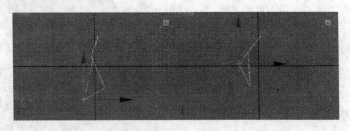

图 11-1

提示：反向运动学的优点是工作效率高，大大减少了需要手动控制的关节数目，比正向运动学更易于使用，可以快速创建复杂的运动；缺点是求解方程组需要耗费较多的计算机资源，在关节增多的时候尤为明显。

11.2 IK 解算器

IK 解算器可以创建反向运动学解决方案，用于旋转和定位链中的链接。它可以应用 IK 控制器，用来管理链接中子对象的变换。可以将 IK 解算器应用于对象的任何层次。使用"动画"菜单中的命令，可以将 IK 解算器应用于层次或层次的一部分。在层次中选中对象，并选择 IK 解算器，然后单击该层次中的其他对象，以便定义 IK 链的末端。

3ds Max 中共有下面 4 种 IK 解算器。

1．HI 解算器

对角色动画和序列较长的任何 IK 动画而言，HI 解算器是首选方法。使用 HI 解算器可以在层次中设置多个链。对角色动画和序列较长的 IK 动画而言，HI 解算器是首选的方法。例如，角色的腿部可能存在一个从臀部到脚踝的链，还存在另外一个脚趾的链。

2．HD 解算器

HD 解算器是一种最适用于计算机动画制作的解算器，使用该解算器，可以设置关节的限制和优先级。它具有与长序列相关的性能问题，最好在短动画序列中使用。该解算器适用于设置动画的计算机，尤其适用于那些包含滑动部分的计算机。

3．IK 解算器

IK 解算器只能对链中的两块骨骼进行操作。它是一种在视口中快速使用的分析解算器，可以设置角色手臂和腿部的动画。

4．样条线 IK 解算器

样条线 IK 解算器使用样条线确定一组骨骼或其他链接对象的曲率。样条线 IK 提供的动画系统比其他 IK 解算器的灵活性高。节点可以在 3D 空间中随意移动，链接的结构可以进行复杂的变形。

下面举例说明如何创建 IK 解算器。

Step 1　选择"文件"→"打开"命令,打开"蛇.max"素材文件,如图 11-2 所示。

Step 2　选择头部骨骼,选择"动画"→"IK 解算器"→"样条线 IK 解算器"命令,此时将出现一条跟随鼠标轨迹的虚线,单击尾部骨骼,这样就创建了一个样条线 IK 解算器。此时又出现一条跟随鼠标的轨迹的虚线,再次单击绘制的样条线,如图 11-3 所示。

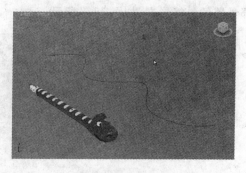

图　11-2

图　11-3

Step 3　单击时间轴上"自动关键帧"按钮,记录动画,然后打开"修改"面板,在第 0 帧处将"％沿路径"值设置为 100,如图 11-4 所示。在第 100 帧处将"％沿路径"值设置为－100,如图 11-5 所示。

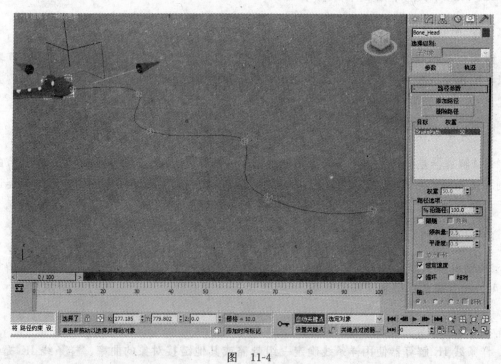

图　11-4

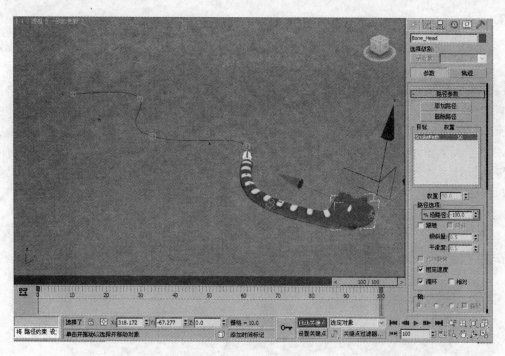

图 11-5

11.3 Character Studio

　　3ds Max 中的 Character Studio 功能集提供设置 3D 角色动画的专业工具,能够快速而轻松地构建骨骼(也称为角色装配),然后设置其动画,从而创建运动序列的一种环境。可以使用动画效果的骨骼驱动几何的运动,以此创建虚拟的角色。可以生成这些角色的群组,并使用代理系统和程序行为设置群组运动的动画,如图 11-6 所示。

　　Character Studio 由 Biped 和 Physique 两个主要部分组成。Biped 是新一代的三维人物及动画模拟系统,用于模拟人物及任何两足动物的动画过程。用 Biped 来简单地设计步迹即可使人物走上楼梯,或跳过障碍,或按节拍跳起舞来。更为奇妙的是,可以把一种运动模式复制到任意一种两足动物身上而不需要做重复的工作。这样对于诸如集体舞之类的创作就变得轻而易举了。

图 11-6

　　Physique 是一个统一的骨骼变形系统。它用模拟人物(包括两足动物)运动时的复杂的肌肉组织变化的方法来再现逼真的肌肉运动。它可以把肌肉的鼓起、肌腱的拉伸、血管的扩张加到任何一种两足动物身上。它能模拟出逼真的人物来,进而创建出"活灵活现"的动画效果。

11.3.1 Biped(两足角色)骨骼系统

两足动物模型是具有两条腿的体形：人类、动物或是想象物。每个 Biped 是一个为动画而设计的骨架，被创建为一个互相连接的层次。Biped 骨骼具有即时动画的特性。就像人类一样，Biped 被特意设计成直立行走，然而也可以使用 Biped 来创建多条腿的生物。为与人类躯体的关节相匹配，Biped 骨骼的关节受到了一些限制。Biped 骨骼同时也特意设计为使用 Character Studio 来制作动画，这解决了动画中脚锁定到地面的常见问题。

下面举例说明如何创建 Biped。

Step 1   单击"创建"面板中的"系统"按钮，在其下方的下拉列表框中选择"标准"选项。单击 Biped 按钮，在视图中创建如图 11-7 所示骨骼。

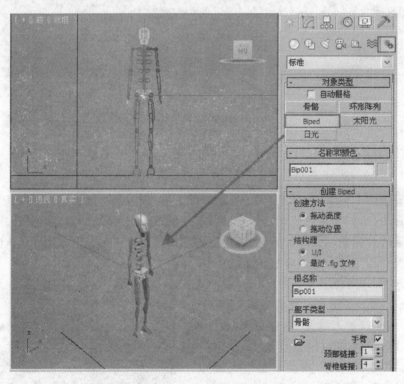

图   11-7

Step 2   打开"运动"面板，在 Biped 卷展栏中单击 按钮，然后在"足迹创建"卷展栏中单击 按钮，弹出"创建多个足迹：行走"窗口，设置"足迹数"为 10，如图 11-8 所示。

Step 3   单击"确定"按钮，创建足迹如图 11-9 所示。

Step 4   在"足迹操作"卷展栏中单击 按钮，将骨骼绑定到足迹上，如图 11-10 所示。

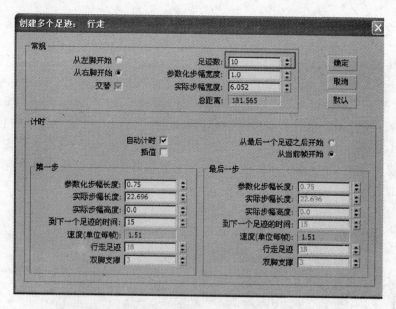

图　11-8

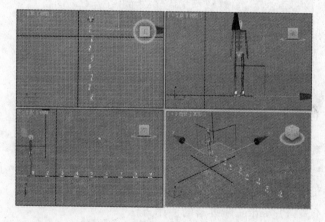

图　11-9

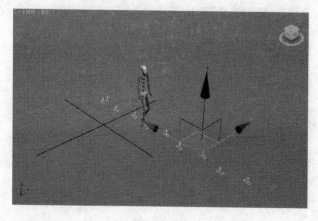

图　11-10

11.3.2　Physique(形体变形)修改器

Physique 是一个修改器,将其应用于网格时,允许基本骨骼的运动无缝地移动网格,就像人类皮肤下的骨骼和肌肉。Physique 在所有基于点的对象上运行,包括几何基本体、可编辑网格、基于面片的对象、NURBS 以及 FFD 空间扭曲。对于 NURBS 和 FFD,Physique 使控制点变形;反过来控制点又使模型变形。可以将它附加到任何骨骼结构上,其中包括 Biped、3ds Max 骨骼、样条线或任何 3ds Max 层次。当将 Physique 应用于蒙皮对象并且为骨骼添加蒙皮时,Physique 基于指定的设置决定骨骼的每个组成部分如何影响每个蒙皮顶点,如图 11-11 所示。

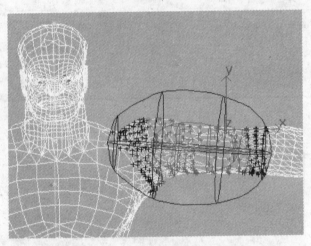

图　11-11

将 Biped 骨骼系统与 Physique 修改器搭配使用,可以产生非常逼真的角色动画。在设置动画时,也可以先为 Biped 骨骼系统设置动画,然后将动画输出为 bip 格式的文件保存,再将其应用到已经设置了 Physique 修改器的角色模型上。

下面通过例子介绍 Physique 修改器的使用方法。

Step 1　选择"文件"→"打开"命令,打开"蒙皮.max"素材文件,如图 11-12 所示。

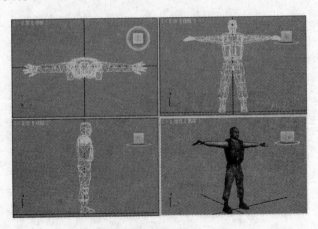

图　11-12

Step 2 检查该模型以查看手指和脚趾的数量。该模型有 5 个手指，模型穿着鞋，所以看不见脚趾，如图 11-13 所示。

Step 3 选择整个模型，在 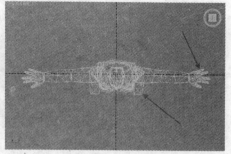 面板"显示属性"卷展栏中，选中"透明"复选框，该模型变灰并成为透明的，禁用"以灰色显示冻结对象"复选框，如图 11-14 所示。

提示： 选中"透明"复选框，让模型透明使得在模型内部设置姿势时可以查看两足动物；冻结该模型，在处理两足动物时就不会意外将其选中。

图 11-13

Step 4 单击"创建"面板中的"系统"按钮，在其下方的下拉列表框中选择"标准"选项。单击 `Biped` 按钮，在前视图中创建如图 11-15 所示骨骼。

图 11-14

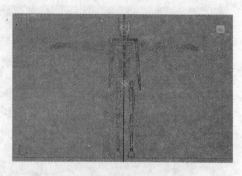

图 11-15

Step 5 在"创建 Biped"卷展栏的底部附近，将"手指"设置为 5，如图 11-16 所示。

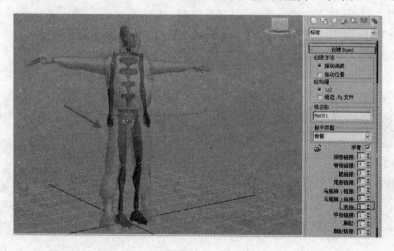

图 11-16

Step 6 单击工具栏中 按钮进入运动面板，单击 Biped 卷展栏中的 按钮，进入体形编辑模式。激活前视图，利用 工具将大腿骨旋转至如图 11-17 所示位置。

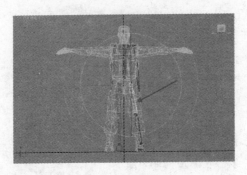

图　11-17

Step 7 选择全部腿骨，单击"创建"面板中的 ◎ 按钮，在"复制/粘贴"卷展栏中单击 ▓ 按钮，激活"姿态"按钮，然后单击 ☑ 按钮，复制姿态，再单击 ▨ 按钮，向对在粘贴姿态，效果如图 11-18 所示。

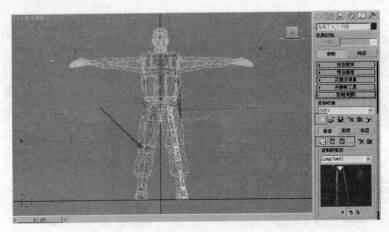

图　11-18

Step 8 用同样方法调整手臂，效果如图 11-19 所示。

Step 9 分别用"移动"、"旋转"、"缩放"工具调整手指，效果如图 11-20 所示。

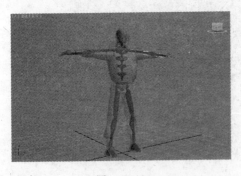

图　11-19

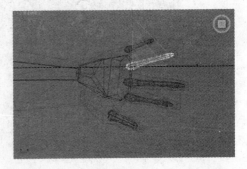

图　11-20

Step 10 确定视图中"蒙皮"人物对象为选择状态。打开"修改"命令面板，在"修改器列表"下拉列表中选择 Physique 选项，然后单击 ❀ 按钮，按 H 键，在弹出的"选择对象"对话框中双击选择 Biped 对象,在弹出的"Physique 初始化"对话框中单击 初始化 按钮,完成蒙皮指定,如图 11-21 所示。

Step 11　利用 ○工具,旋转脚骨骼,可以发现还有节点封套不对,如图 11-22 所示,还有一些顶点未受到骨骼的影响。

图　11-21　　　　　　　　　　　　　　　　图　11-22

Step 12　进入"修改"面板,进入模型的"顶点"子对象层级,单击 按链接选择 按钮,然后再单击脚骨骼,发现骨骼周围有红色的点与蓝色点,蓝色点表示不受骨骼影响,选择蓝色点,单击 指定给链接 按钮,将选择点连接骨骼,如图 11-23 所示。

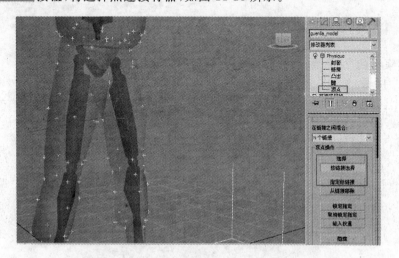

图　11-23

Step 13　再一次旋转脚骨骼,效果如图 11-24 所示。

图　11-24

Step 14　用同样方法将手进行蒙皮调整,加入动作,最终效果如图 11-25 所示。

图　11-25

11.4　经典案例

11.4.1　升降架制作

通过本案例的学习,掌握"IK 解算器"的使用方法。

Step 1　选择"文件"→"打开"命令,打开"升降架.max"素材文件,如图 11-26 所示。

图　11-26

Step 2　选择支架,打开"层级"面板,单击 [轴] 按钮,再单击 [仅影响轴] 按钮,在视图中使用移动工具将轴移到支架的另一个端位置,如图11-27所示。

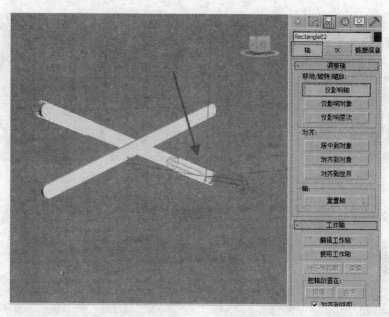

图　11-27

Step 3　再次单击 [仅影响轴] 按钮,退出子物体层级。单击创建面板中的 [⊙] 辅助对象按钮,在其下方的下拉列表框中选择"标准"选项,单击 [虚拟对象] 按钮,在视图中创建虚拟物体,调整其位置如图11-28所示。

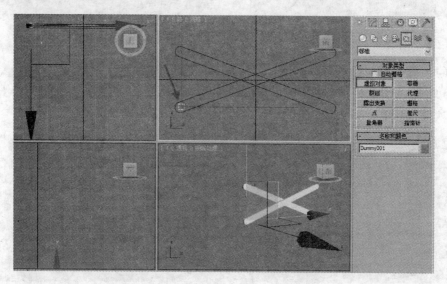

图　11-28

Step 4　在工具栏中单击"选择并链接"按钮 [⊗],依次把虚拟体链接到矩形01上,然后将矩形01链接到矩形02上,如图11-29所示。

Step 5 选择虚拟体,选择"动画"→"IK 解算器"→"HI 解算器"命令,此时将出现一条跟随鼠标轨迹的虚线,单击矩形 02,如图 11-30 所示。这样就创建了一个 HI 解算器。

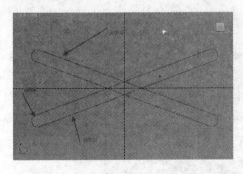

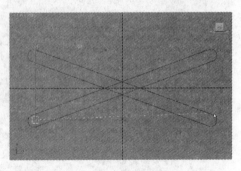

图 11-29 图 11-30

Step 6 如果沿着 X 轴移动这个 IK 链,矩形 01 和矩形 02 会发生相应变化,如图 11-31 所示。

Step 7 矩形 01 和矩形 02 进行复制,并移动到如图 11-32 所示的位置。

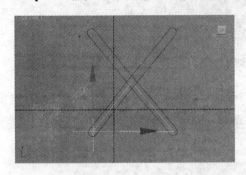

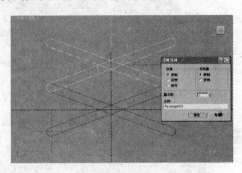

图 11-31 图 11-32

Step 8 选择矩形 03,将它的轴心移动到左下角处,如图 11-33 所示。

Step 9 在工具栏中单击"选择并链接"按钮 ,依次把矩形 03 链接到矩形 02 上,然后将矩形 04 链接到矩形 01 上,如图 11-34 所示。

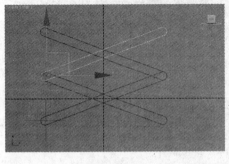

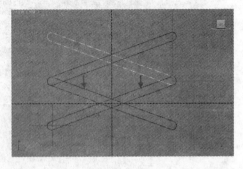

图 11-33 图 11-34

Step 10 选择矩形 03,选择"动画"→"约束"→"方向约束"命令,将矩形 03 方向约束到与它平行的矩形 01 上,把矩形 04 方向约束到与它平行的矩形 02 上,如图 11-35 所示。

Step 11　再次移动 IK 链，发现矩形 03 和矩形 04 也发生了相应变化，如图 11-36 所示。

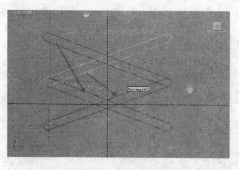
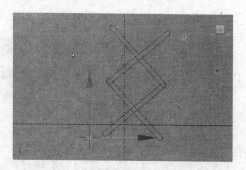

图　11-35　　　　　　　　　　　　　　　　图　11-36

Step 12　将矩形 03 和矩形 04 向上复制，同样使用"链接"和"方向约束"命令对矩形进行操作，制作效果如图 11-37 所示。

图　11-37

11.4.2　运动混合器动画

通过本案例学习，掌握"运动混合器"的使用方法。

Step 1　选择"文件"→"打开"命令，打开"骇客帝国.max"素材文件，如图 11-38 所示。

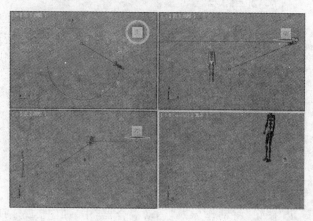

图　11-38

Step 2 在"运动混合器"窗口右击,在弹出的快捷菜单中选择"新建剪辑"→"来自文件"命令,如图 11-39 所示。在弹出的"打开"对话框中选择如图 11-40 所示的文件。

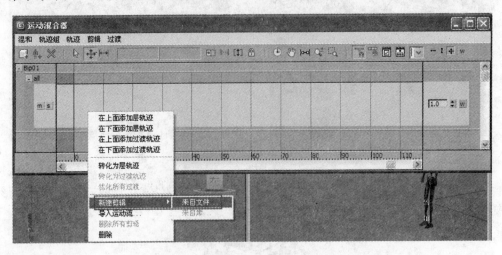

图　11-39

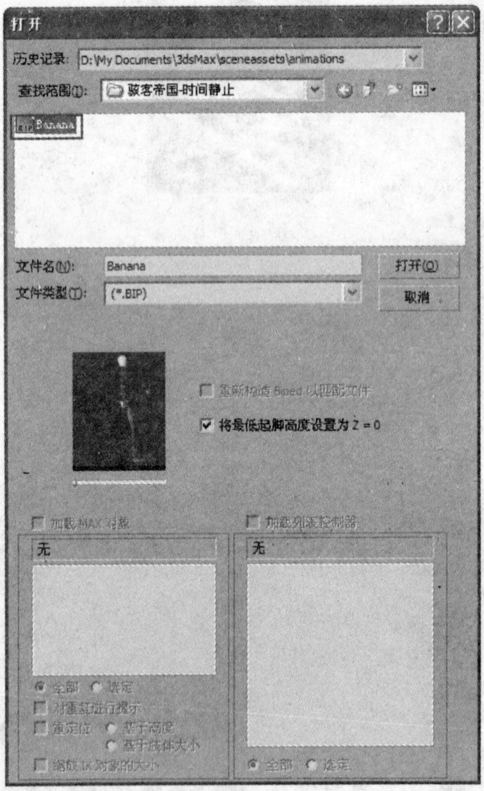

图　11-40

Step 3 单击"确定"按钮,将动作导入"运动混合器"中,如图 11-41 所示。

Step 4 产生动画效果如图 11-42 所示。

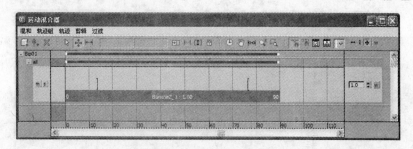

图 11-41

图 11-42

11.4.3 动作过渡角色动画

通过本案例学习,掌握"运动混合器"中过渡效果设置方法。

Step 1 单击"创建"面板中的"系统"按钮,在其下方的下拉列表框中选择"标准"选项。单击 Biped 按钮,在视图中创建如图 11-43 所示的骨骼。

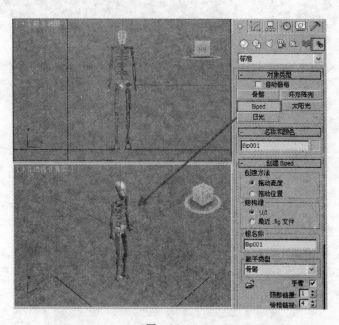

图 11-43

Step 2 选择骨骼,打开"运动"面板,在"Biped 应用程序"卷展栏中单击 混合器 按钮,弹出"运动混合器"窗口,在如图 11-44 所示的位置右击,在弹出的快捷菜单中选择"转化为过渡轨迹"选项。

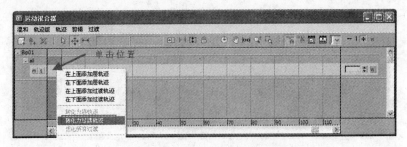

图   11-44

Step 3   在"运动混合器"窗口中右击,在弹出的快捷菜单中选择"新建剪辑"→"来自文件"命令,如图 11-45 所示。在弹出的"打开"对话框中选择如图 11-46 所示的文件。

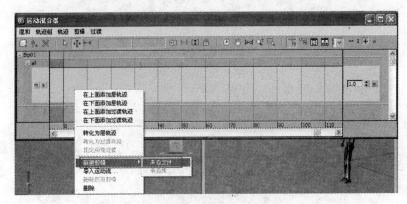

图   11-45

图   11-46

Step 4　单击"打开"按钮,用同样方法导入第二个动作,如图 11-47 所示。

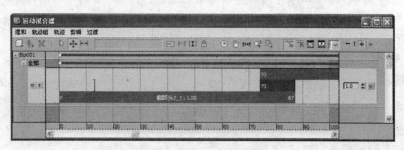

图　11-47

Step 5　单击时间区域中 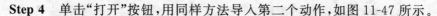 按钮,弹出"时间配置"对话框,将"结束时间"设置为 200,单击"确定"按钮,如图 11-48 所示。

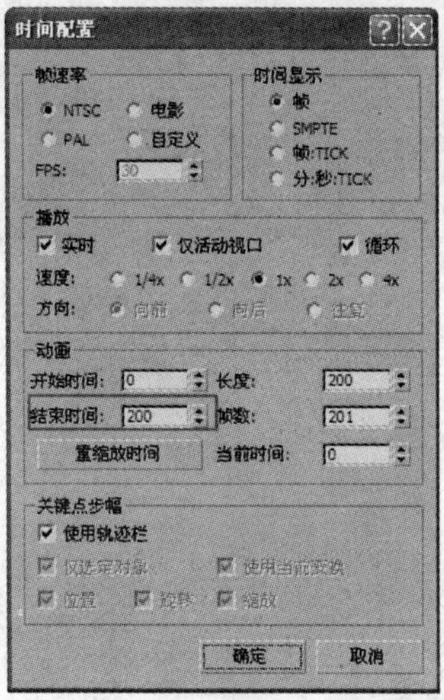

图　11-48

Step 6　在"运动混合器"窗口中的动作过渡区右击,在弹出的快捷菜单中选择"编辑"选项,在弹出的对话框中设置"角度"为 90,如图 11-49 所示。

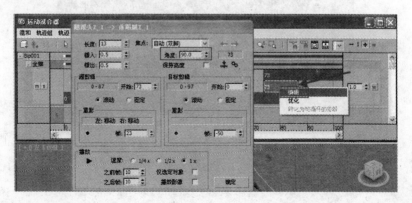

图　11-49

Step 7   产生动画效果如图 11-50 所示。

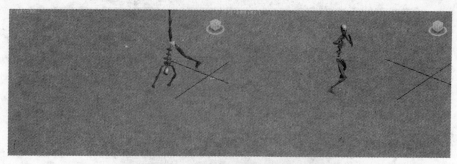

图   11-50

11.4.4   滑冰角色动画

通过滑冰角色动画制作,学习使用"路径约束"以及"运动"面板中"关键点信息"参数设置方法。

Step 1   选择"文件"→"打开"命令,打开"滑冰.max"素材文件,如图 11-51 所示。

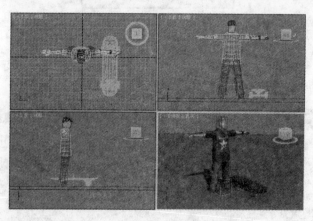

图   11-51

Step 2   在顶视图中绘制如图 11-52 所示的曲线。

Step 3   选择滑板,选择"动画"→"约束"→"路径约束"命令,此时将出现一条跟随鼠标轨迹的虚线,如图 11-53 所示。在顶视图中单击曲线,滑板就自由移动到曲线上。

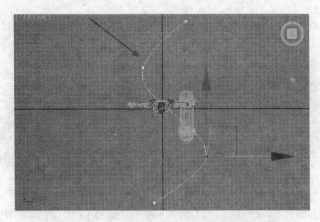

图　11-52

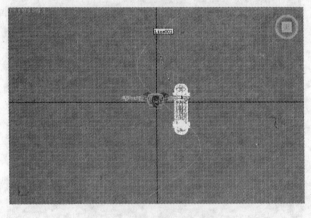

图　11-53

Step 4　在"路径参数"卷展栏中选中"跟随"复选框，将"轴"设置为 Y 轴"翻转"，如图 11-54 所示。

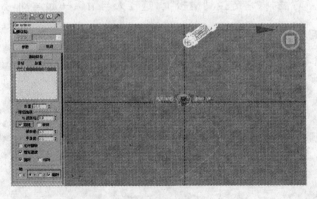

图　11-54

Step 5　选择人体将其移动至所示位置，并旋转一定角度，方向与滑板相同，如图 11-55 所示。

图　11-55

Step 6　选择腿部骨骼,打开"运动"面板,在"关键点信息"卷展栏中单击 按钮,设置踩踏关键点,如图 11-56 所示。

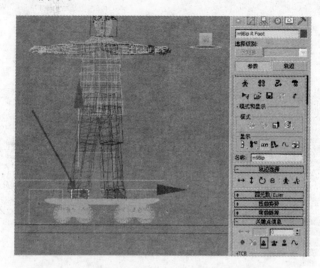

图　11-56

Step 7　选择主骨骼,将它链接到滑板上,这样人与滑板一起运动,如图 11-57 所示。

图　11-57

Step 8 单击时间区域中"自动关键点"按钮,在第0、第40帧时将人体下蹲,如图11-58所示。第20、第60、第80帧人体站立,如图11-59所示,

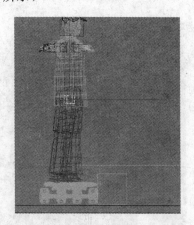

图 11-58   图 11-59

Step 9 用同样方法设置手的动作,产生动画效果如图11-60所示。

(a)   (b)

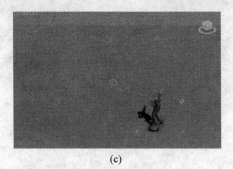

(c)

图 11-60

习题 11

1. 简答题

(1) 什么是层次链接?其工作原理是什么?

(2) 什么是反向运动?什么是正向运动?

（3）如何编辑 Biped 骨骼系统中骨骼的形态？

（4）Physique 修改器的作用是什么？

2．上机操作

（1）运用 IK 知识制作如图 11-61 所示的曲轴运动。

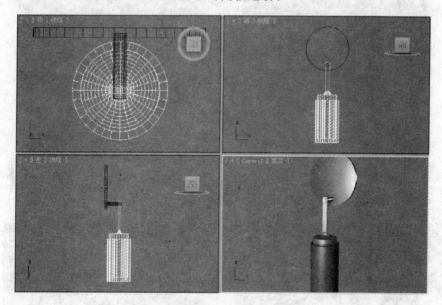

图　11-61

（2）制作如图 11-62 所示的打气角色动画。

图　11-62

参 考 文 献

[1] 谭雪松. 3ds Max2010 基础培训教程. 北京：人民邮电出版社,2010.

[2] 侯婷. 超写实艺术——3ds Max 材质特效篇. 北京：电子工业出版社,2009.

[3] 文东. 3ds Max9 动画制作基础与项目实训. 北京：科学出版社,2010.

[4] 亓鑫辉. 3ds Max 火星课堂. 北京：北京科海电子出版社,2005.